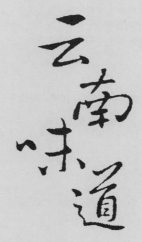

云南味道

张家荣

著

图书在版编目（CIP）数据

云南味道／张家荣著． —北京：生活·读书·新知三联书店，2015.10
ISBN 978 - 7 - 108 - 05287 - 2

Ⅰ.①云⋯　Ⅱ.①张⋯　Ⅲ.①饮食－文化－云南省
Ⅳ.① TS971

中国版本图书馆 CIP 数据核字（2015）第 060846 号

责任编辑　王　竞
装帧设计　薛　宇
责任印制　郝德华
出版发行　生活·讀書·新知 三联书店
　　　　　（北京市东城区美术馆东街 22 号 100010）
网　　址　www.sdxjpc.com
经　　销　新华书店
印　　刷　北京隆昌伟业印刷有限公司
制　　作　北京金舵手世纪图文设计有限公司
版　　次　2015 年 10 月北京第 1 版
　　　　　2015 年 10 月北京第 1 次印刷
开　　本　880 毫米 × 1230 毫米　1/32　印张 5.125
字　　数　116 千字
印　　数　0,001－8,000 册
定　　价　26.00 元
（印装查询：01064002715；邮购查询：01084010542）

目录

云南味道

小引

遥远、神秘、陌生、不可预知，这是云南给人的印象，在饮食文化上也同样如此。在饮食娱乐化的今天，云南民间饮食却仍保持着它的本分。

食材的本分是为其一。

云南地形多样，高黎贡山、怒江、怒山、澜沧江、云岭、金沙江，都是庞大的山系与水系，它们在滇西构成了"三江并流"。还有乌蒙山、哀牢山、无量山等山系，以及元江（红河）、南盘江（珠江）等水系，它们相互纠缠争斗，形成变幻独特的地理环境。在这些庞大的山河之间，还有宁静而纯净的海子，丰饶的坝子。气候上，云南有北热带、南亚热带、中亚热带、北亚热带、南温带、中温带和高原气候区七个气候类型。一山分四季，十里不同天。多样的地理和气候环境，获得大自然格外的馈赠，孕育出云南多样的食材。

栽培上，云南粮食作物主要是水稻，另有小麦、大麦、青稞、荞麦、玉米、土豆在不同地区分布，是这些地区的主食。云南人的主食划分不是"北方面食，南方米食"那样简单。蔬菜作物就更丰富了，《中国蔬菜作物图鉴》总类238种，云南都有，而云南栽培的一些蔬菜，别的地方却并没有，比如山葵，比如苤菜。

养殖上，云南的牛、羊、马、猪、鸡、鸭、鹅都很普遍，且品种丰富，很多是独有品种。比如牛，云南有水牛、黄牛、牦牛、犏牛等。比如羊，藏区多绵羊，彝区多山羊，而且彝族牧业一直发达，与之相匹配的，还有云南独特的乳制品，比如乳饼、乳扇、酥油等。云南民间畜养的土猪，品种无数，也没有人去做专门的统计。云南的鸡，有些直接驯化于野鸡，比如西双版纳的茶花鸡。

至于野生的食材，更是其他地方无法比拟的。

野生菌是可以贴上云南这个标签的。世界上已知的真菌约12万种，能形成大型子实体或菌核组织的6000余种，可供食用的2000余种。中国已知的食用菌900余种，而云南约800余种，可谓丰富。

云南各地都有自己的野菜食谱，尤其是热带地区。我尝试记录过的当有百种，比如竹笋、蕨菜、鱼腥草、臭菜、水芹菜、水香菜、苦凉菜、树头菜、苦子果、大刀豆、缅芫荽、野豌豆、苦藤叶、刺五加、苦刺花、棠梨花、芭蕉花、苦藤花等等。在滇南傣族、布朗族、景颇族等生活的地区，乡镇集市上出售的野菜通常比种植的多。

块茎类食物是野菜中独特的一类。它们既可作为主食，也可作为小菜。云南可采集到的块茎食品，除竹笋以外，还有山药、马蹄、山芋、葛根、黄精、野百合、魔芋、藤萝卜等。每一种野菜又有不同的品种，比如竹笋，云南至少有二十余种，再比如山药，也当有十余种。

采食昆虫是云南人重要的食物来源。滇南西双版纳、普洱等地，竹虫最常见；在滇中哀牢山区的街子上，蚂蚱最常见；在大理牛井，我见到了蜻蜓幼虫；在保山右甸，我见到了核桃虫……而在云南各地的街子上，最常见的却是蜂蛹。

云南食材的多样性，是它保持本分的前提。

食用方式的本分是为其二。

如果说每一个民族的历史都是一条闪着光的小河，那么云南的历史则由无数条闪着光泽的小河构成，且每一条小河都是美丽的，都有自己的色彩，都令人惊异。历史上，云南人自己创造的或者从中原以及东南亚传入云南的饮食习俗，在别的地区因过于"交流"和"改进"而消失了，但在云南却因为路途的遥远和环境的封闭而保存下来，堪为饮食文化的活化石。列举几例：

古老的火塘。云南各民族包括汉族，仍在使用火塘，我小时候生活的地方火塘还很普遍。火塘改善了人类的生存条件，提高了生存质量。火塘边，人类创造了食品的各种加工方法，从最初的烧，到后来的煮、蒸，再到炒，都是在火塘边完成的。在火塘边直接用火烧制出来的食物可称为火烧菜。现在流行的烧烤，是古代用火习俗的现实版本。云南民间的烧辣子、烧茄子、烧土豆、烧豆腐、火烧肉……每一样都留有远古的味道。还有火灰焖的食物——人们在火塘烧尽的灰里埋上苞谷、蚕豆、饵块等，焖熟后掏出来享用。

采集与渔猎。云南野生植物丰富，各民族都有吃野生植物的习俗。一些民族生活中的食品本身就以采集为主，比如拉祜族，他们没有种菜

的传统，只需出门走一趟，吃的就回来了。在西双版纳的河流里，每天都能见到傣族人在撒网捕鱼；在怒江、独龙江畔，会见到背着弓弩的男子向你走来；街子上，会看到当地人捕猎的竹鼠、野鸡。有些人喜欢将野生动物的灭绝归结于渔猎生活，实际上人类的渔猎传统有上万年了，当地人的渔猎担不起这个责任，采集和渔猎是为了存活并与当地环境相互适应的，与生态危机并不是一回事情。

天然餐具。云南边地各民族喜欢用芭蕉叶作为炊具和餐具，他们用芭蕉叶包起食材，直接在火上烧熟食用，也将芭蕉叶作为饭菜的盛具，作为餐桌。傣族人利用随处可见的竹筒作为炊具，竹筒饭就是明证。

古老食俗的保存。牛撒撇，唐代就有记录，现仍在云南完整地保存着。云南民间仍喜欢用木甑蒸饭，这是明代传入云南的蒸饭方式，在别的地方多已消失。现代人编的云南十八怪之一——草帽当锅盖，也算是小小的例证。

味觉的本分是为其三。

云南民族多样，除汉族外，人口在 5000 以上的世居少数民族有 25 种，其中 15 种为云南独有：明丽的白族、水样的傣族、坚韧的哈尼族、迁徙的傈僳族、猎虎的拉祜族、尚酒的佤族、勇敢的景颇族、神秘的纳西族、古老的布朗族、善制刀具的阿昌族、分散的普米族、与江同名的怒族、古老的茶农德昂族、绣面的独龙族、丢落的基诺族。主要少数民族中，傣、佤、壮、苗、瑶、景颇、怒、独龙、德昂、彝、傈僳、拉祜、哈尼、阿昌等十多个民族跨境而居，分布及于越南、老挝、泰国、缅甸等国家。此外，还有克木人、莽人、老缅人、摩梭人等。每一个民族都有自己独特的饮食传统。

多样的民族，多样的文化交流，决定着多样的云南味道。无数种小食品，无数种吃法，无数种纯朴而直接的风味。比如豌豆凉粉，大理白族凉拌凉粉块，会泽汉族则用碗装豆粉坨，通海油炸凉粉块，普洱的一些地方则喜欢将稀豆粉拌在米干、米线中享用，保山、临沧等地喜欢将豌豆粉做成金黄色的豌豆锅巴，南涧彝族的豌豆油粉则是豌豆粉与锅巴的结合，丽江人吃的则是鸡豆凉粉……

今天，云南的饮食仍保持着民间性，自然成长，草根趣味。春天有椿芽，采来炒份鸡蛋，味不错；抬头一看，椿芽已老了，那就明年吃吧。秋天有蚂蚱，有空闲，多捉点来下酒；没空闲，算了。云南民间饮食不自卑，不做作，不张扬，不调和，格调独立，相互欣赏，彼此尊重。蒙自的过桥米线很出名，云县血旺米线不错，峨山彝族喜欢豆腐米线，昆明流行小锅米线，玉溪人喜欢鳝鱼米线，各是各味，各守本分。我家的米线与邻家的不一样，自家的不错，他家的味也好，可以欣赏，不必改变。

本书所讲的都是云南的普通食品，并不想以猎奇来获取眼球。外地人以之为奇，是因为不了解所致。云南普通的食物也并不流行于云南全省，在别的省区，可以说某菜是鲁菜或者川菜，但在云南不能有这种说法，即使是米线，也并不是云南人都享用的，小凉山彝族更喜欢吃荞面，西双版纳傣族更喜欢米干，你能说荞面和米干就不是云南味道？

云南味道的本分与多彩正在这个地方。

青头菌

　　青头菌，云南林间菌子的一种，像云南普通人，清爽，淡定。

　　菌子就是蘑菇，云南人所称的"菌"，读音与"见"同，是真菌在地面上的繁殖体。雨季的山林，它们长出地面，释放孢子，完成生命的传承。它们形状多样，伞状最为常见。在童年的山林里，它们就是童话中的蘑菇房子。

　　每年的 7 月至 9 月是云南的雨季。这个季节是诗意的，远山近水，全朦胧在雨丝里。因在高原，又有原始山林的陪衬，这样的雨季淋漓而清爽，我只在西藏林芝体验过。空山新雨，小鸟鸣翠，不像江南的梅雨那样使人烦。独自在山林里行走，心境辽远而跳跃，是抑制不住想唱歌的。若有人兮山之阿，山歌就是在这样的环境里生长起来的。

　　雨季就是菌子的季节，就是青头菌的季节。云南全省境都有菌子，且种类繁多，尤其从滇西香格里拉至丽江、大理、楚雄、昆明、曲靖这一带，更具规模。这一带也是云南松的地带，间杂其他树种。每到这个季节，这里就弥漫着松林的清香，菌子的清香。路边的松林下，就有精灵般的家伙吸引你，它们就是青头菌。

拾菌子就在这样的雨季里。云南人用"拾"字，表示很多，不用刻意去寻找，随地俯拾的意思。当然，这是过去的事了，那时菌子与森林里其他生物一样，并不显得特别珍贵，只是当地人随意的食物，就像到屋后的菜园里摘几个豆角回来炒食一样。事实上，它们也就在山寨人家房前屋后的林子里。现在，由于它们的自然属性（很多食物已不具自然属性）和外地人的参与，它们变得珍贵起来了，"拾"字似不大合用，而应用"寻"字来表达。

山林里青头菌最多。它们就生长在松树下或者杂木下，菌盖是浅绿色的，这在菌子中是少见的颜色，这给它们增加了清新感。青头菌刚冒

出土地时，呈小圆球形，然后是青绿的半球形，像山寨里明亮的彝族小姑娘。菌盖全打开时，中间部位凹陷下去，过成熟者表皮裂开，呈斑状。

青头菌可生食。在山林里拾菌子的人们，有时嘴里闲着，就随手把刚冒出来的圆形青头菌放进嘴里嚼。前几年回云南老家，上山拾菌子，妹夫的这个小小举动把我吓了一跳。在他的动员下，我也入口生嚼，有点脆爽，口味厚，山林的味道浓，但却是清爽的。

山上拾菌子，拾多了，就要到街子上去出售。出售的多了，就形成菌街子。菌街子与云南传统的街子不一样。传统的街子贯穿全年，菌街子只出现在雨季，此前此后则只有零星的摊点，十冬腊月想去赶个菌街子选几种菌子品尝一下，不可能。在雨季，云南大部分县城每天都有菌街子，多半集中在某一条街，没有规定，约定俗成。这与传统的街子每隔几天赶一次也不一样，菌子放不住，隔几天再赶街子交易，菌子都腐败了。

菌街子一般在下午四点开业直至天黑。清晨，山里的人们到山林里拾菌子，只有到下午才能将新鲜的菌子送到街子上。我读初中时，教室门外就是一条通往县城的山路，在栏杆边看，成群结队的小姑娘背着菌子往县城赶，有的还骑着自行车。她们与我年纪相仿，但大多数连小学都没上完就在家劳动了，有时也向学校投来向往的眼神。现在赶街条件好了，有的骑摩托车，有的骑自行车。到街子上，找一个空地，蕨叶铺开，将一朵朵菌子小心地捡出来，等着人们挑选。菌街子人头涌动，人们挑挑拣拣，讨价还价，很热闹。

卖菌子的多为女子，这也算是云南的传统吧。《景泰云南图经志书》"昆阳州"有"妇任戴负"条："土人之妇，遇街子贸易，物货则自任负

12

戴而夫不与，此其旧俗也。"在明代就是旧俗了，现在也仍是如此，尤其在哈尼族、纳西族等地区，女性更为吃苦耐劳。

菌街子上，见到最多的就是青头菌，它们价钱便宜，味又好，所以购买的人也很多。汪曾祺在《昆明的雨》中说："青头菌比牛肝菌略贵。这种菌子炒熟了也还是浅绿色的，格调比牛肝菌高。"

对云南人来说，菌子是山珍，也是普通小菜，尤其是青头菌。拾菌子的人虽说都将菌子背到街子上出售，或者有人到村寨里去收购，但被挑剩下的菌子还得留着自己吃，所以山珍不仅是别人的，也是自己的，贫穷和富有都与菌子有关。至于县城里的工作人员，大多来自乡村，想吃菌子自有渠道；有的人周末还组织到山里去拾菌子。很多县城就在山脚下，即使像昆明这样的地方，出城不远就有山林，菌子就在里面等着呢。城市人上山拾菌子，玩乐的成分多，当然也会有收获，自己的收获自己弄来吃，感觉也是不一样的。如果不想上山，到菌街子上去挑挑拣拣，物美价廉，回家弄着吃，也很好。没听说城市人吃菌子比山里人少，他们更方便。

青头菌一直是亲民的美味。一些越来越贵的菌子可以不吃。在香格里拉、丽江一带，过去的杂菌松茸现在价格高涨，成了尊贵的价钱之王，没关系，很多年前大家就都吃过松茸了，现在不吃也可以，拾来出售给别人享用，还有收入，不错。楚雄等地的猪拱菌松露因为出口欧美，价很贵，没关系，它们过去本来就少，也少有人吃，最多不过用来泡酒，运气好碰上几个尝一尝也不错，没有也不影响食菌子的心情，不必跟法国人、美国人去较真。青头菌味很好，随处可见，价也便宜，吃吧。

雨季在云南旅行，吃青头菌子也有去处。山乡街子的小餐馆就是享用菌子的地方。小餐馆临街而建，里面都有一个菜架摆在显眼的地方，能有的菜都陈列在上面，菌子也摆在上面，想吃什么现点；或者告诉店家做法，或者征求店家的意见，自己选择一种就可以了，无非是炒与煮。简单好，吃的是原味，弄复杂了反而失了本分。城市里的酒店也有菌子宴，精致一些，但味还是山林里的味，只不过价钱贵一些。有的人喜欢大酒店的感觉，说是吃环境吃气氛，有的人喜欢街边小吃店，吃的是实惠和民间趣味，各有所好。有的外地人喜欢逛一下菌街子，这就更好了，购买一些青头菌，找一家小饭店，出一点加工费做来吃，更有情趣。

回云南老家的几次，母亲都是用香芹炒青头菌。香芹，不是外地的芹菜，外地的芹菜是没有味道的，芹菜、西芹都是如此，水芹有味，但也不对。在外地生活，偶尔购买标着云南标签的菜，吃起来也不是那个味，苦菜不是那个苦菜，小瓜不是那个小瓜。这些都影响了我对香芹的感受，以为它就是这样的味。我的味觉记忆错了，或者是味道已经变了。直到回老家，母亲从后园里摘来香芹炒青头菌，味觉回来了，清爽雅致，好格调。

楚雄人吃青头菌有自己的方法，他们将青头菌整朵下锅煮熟，形仍在，色彩仍是淡雅的青绿色，然后抓一把水腌菜放进去，如此就成为了美味。有人吃得复杂一些，将"嫩头青"菌帽里填上剁碎的肉清蒸，味也好。

青头菌是云南菌类中的普通一味，唯其普通，常使人想念。离开云南多年，梦境中淋漓的雨季，仍在松林里捡拾青头菌。

鸡枞菌

吃鸡枞菌会使人上瘾，要是每年的雨季没有吃几次鸡枞菌，雨季过后的那种失落恐怕不是一般人所能理解的。

菌子自古就是美味。《诗经·国风·邶风·简兮》："山有榛，隰有苓。"苓，即茯苓，一种真菌，云南是主产地，广东人制成茯苓膏，金黄色，很有特色。《吕氏春秋》卷十四"本味"："和之美者，阳朴之姜，招摇之桂，越骆之菌。"越骆之菌是美味，云南之菌也是美味，鸡枞菌就更是云南人的美味。云南人的菌类食谱中，鸡枞菌是神品，是具雅致与书卷气的味道。

鸡枞，又名鸡枞蕈、鸡菌、鸡宗、鸡肉丝菇、伞把菌、鸡腿菌等。得名鸡枞的说法很多，有人认为因其形状像鸡腿，有人认为因其成熟的菌盖纷披如鸡羽而得名。都沾边，但都不是定论。

明代陈文《景泰云南图经志书》"安宁州"有"菌子"条："土人呼

15

为鸡宗，每夏秋间，雷雨之后，生于原野。其色黄白，其味甘美，虽中土所产，不过是也。"这是云南鸡枞味美的较早记录。

鸡枞菌生长很特别，它们与白蚁形成共生关系。白蚁在筑巢时为鸡枞菌传播菌种，同时从鸡枞菌那里获得各种营养和抗病物质；鸡枞菌则从白蚁巢及周围获得营养源。也因此，鸡枞菌并不只见于山林野地，庄稼地里也常见其身影。每年雨季来临，鸡枞菌就开始生长，先是小小的白色的球状物，渐长，就成为人们食用的鸡枞菌。

挑选鸡枞有讲究。云南民间，鸡枞以其外皮的颜色可分为黑皮、青皮、白皮、花皮、黄皮等，其中以黑皮、青皮和黄皮为好，它们的价格也不同。形状以菌盖尚未张开的为好，其他菌子也是如此，所谓"嫩头青"是也。菌盖张开多半就会裂开，长过了，不仅形象不怎么样，味也不怎么样。我见过最大的一朵鸡枞有一公斤左右（云南很多地方是以公斤计的，当地人的一斤是外地人的两斤），长过了，像裂开的伞。还有报道说，云南最大的一朵鸡枞有 1.3 公斤，菌类很泡，可想见其硕大。

鸡枞的吃法通常是煮汤。煮汤能将鲜味原本地激发出来，融入汤中。轻轻一口，口中的鲜味隐约而来，几秒钟后，这种鲜味淹没味蕾，使人似乎要飘起来，但却又扎扎实实地游走在身体里。这应当是一种能使人上瘾的味觉感受吧。

云南人口味都较重，但在对待鸡枞上，无一例外地都选择鲜味。鸡枞的鲜美使人着迷。鸡枞吃多了，味觉会变得挑剔，云南人称"嘴刁"。云南各地都有鸡枞，但以昆明、楚雄等地为好。虽这么说，其他地区的人可不同意；各个地方的鸡枞又有差别：保山地区以昌宁的鸡枞为好，曲靖地区以罗平的鸡枞为好，玉溪地区以易门为好，楚雄以南华为好（其实楚雄的都不错）。有时一个县里的人也会将某些个山头的鸡枞区别出来，讲出很多说法。当然，这是本地人说的，对外地人来说，云里雾里，不必在意。

外地人要吃鸡枞也很容易。雨季到云南，各县城街子上都有，张口一问就有人指导你去购买。小吃店也可以去，看货点菜，很有云南特点。昆明有专门的市场，有专门的菌子宴，都可以去尝试。不必想着鸡枞有多珍贵，雨季就是它们的世界，放眼皆是，现在的价格虽贵了一些，但仍具民间性。

菌子是人间美味，如何把这种美味留存下来，古人对此进行了不懈的探索。成就之一是晒干菌子。我的老家在半山区，夏天菌类很多，采菌回来到街子上出售，卖不出去的回家吃，吃不完的就晒干。夏天，很多人家的房顶上晒着干菌子。又因是雨季，每天晒晒收收，是很有意思的

17

回忆。

另一个成就是腌制菌子。这个方法我原本以为是最近的事，或者说是罐头出现以后的事，后来发现，它早着呢。《齐民要术》记录"木耳菹"，清代朱彝尊《食宪鸿秘》有"醉香蕈"，袁枚的《随园食单》"小松菌"条记："将清酱同松菌入锅滚熟，收起，加麻油入罐中。可食二日，久则味变。"

鸡枞可以做成油鸡枞。《滇南杂志》说："盐而脯之，经年可食；若熬液为油，代以酱豉，其味尤佳，浓鲜美艳，侵溢喉舌间，为滇中佳品。"油鸡枞的做法是：将鸡枞削去泥土，清洗干净，纵向撕开——注意，是撕开，不是切开，这样做是为了保持其天然的纤维和美味成分——晾干水分；菜油在锅里烧熟，加入切成段的干辣椒及花椒，微炸，放入鸡枞，文火慢炸，至鸡枞水分收干，微黄，起锅，放凉，入坛，原油浸泡，可贮存食用大半年。

油鸡枞的吃法主要是作调味品，舍不得作菜，那太奢侈。吃面条，下一点油鸡枞，味很好。我用浸泡鸡枞的油炒饭，香味长久。

鸡枞不仅云南产，西南地区的四川、西藏等地也有，只不过味不比云南的鲜，当地人也没有云南人那样推崇鸡枞。我在西藏日喀则享用过鸡枞火锅，味也很鲜美，但这样吃鸡枞，总觉得哪里有点不对。四川的一些地方也腌油鸡枞，比如凉山，当地彝族用菜油加入花椒、干辣椒将鸡枞炸熟，冷却，原油浸泡，封装入瓶，就是油鸡枞，与云南做法一样。

油鸡枞常吃，仍生活在云南的父母、妹妹以及同学、朋友，每年都会给我带来油鸡枞，永久的回味。

韭菜花

    云南人食用韭菜，不非得春韭，也不强调韭合之类的吃法，而是有自己的创造——腌制韭菜花。

    韭菜，百合科多年生草本植物，形似麦子，我儿子两岁时回老家曾对着大片的麦子说："啊，这么多韭菜！"而他此前对韭菜的认识来源于画册。韭菜也称壮阳草，能健胃、提神、止汗固涩、补肾助阳、固精。民间也称洗肠草，大致是可以把肚里的某些不好的东西带走，韭菜煮猪红就是这样的名菜。

    古人尚"春韭"。《礼记·王制》上说："庶人春荐韭，夏荐麦，秋荐黍，冬荐稻。韭以卵，麦以鱼，黍以豚，稻以雁。"韭以卵，说的是韭菜炒鸡蛋，在当时是好菜，现在也是好菜。唐代诗人杜甫去见了少年时代的老朋友，他写了《赠卫八处士》作记述，朋友招待他的吃法是"夜雨剪春韭，新炊间黄粱"，美好的味道，美好的情谊，只是终要"明日隔山岳，世事两茫茫"。明代高启有《韭》诗一首："芽抽冒余湿，掩冉烟中缕。几夜故人来，寻畦剪春雨。"说的也是老朋友来，剪韭菜来招待。

云南人房前屋后的菜园里，都种有韭菜。韭菜的种植很简单，把往年的根挖出来，在阳光地里晒几天，再分开排到地里去，浇上水，不几天就出来了。彼时正是初春，天还有点冻，有时也来点零星的春雨，清晨到屋后的菜园子里去看，韭菜发出一些来了，回家找把刀来割，芳香立时飘起来，和着土地的清新，使人忍不住深吸几口气。乡村人都知道鸡蛋炒春韭味道好，但鸡蛋舍不得自己吃，要留着换钱，那就春韭炒土豆吧，味也很好啊。

韭菜割后，再施点农家肥，它们也发得快，几天就起来，得赶紧享受，到了夏天味道就不那么好了。秋冬季节，要把它们挖出来，很随意地放在菜园子里晒；有时忘记了，到要种时才将根挖出来晒。种韭菜，我们叫"排"，母亲说，"吃完饭要去排韭菜"，这是无数的小活计之一。

我们生活的地方很少有韭黄，大约因为韭黄不是自然生长的吧。其实，北宋时期已有韭黄生产。韭菜本身是绿色，但是经常被养成韭黄。养成韭黄很费时，要等韭菜长出一两寸叶子时，用土埋起来，绿叶因没有阳光而变黄，非自然的吃法。

云南人最擅长的是腌韭菜花。韭菜花在古代就是美食，五代杨凝式有《韭花帖》：

> 昼寝乍兴，朝饥正甚，忽蒙简翰，猥赐盘飧。当一叶报秋之初，乃韭花逞味之始。助其肥羜，实谓珍羞。充腹之余，铭肌载

切。谨修状陈谢，伏维鉴察，谨状。七月十一日凝式状

汪曾祺说："此帖即以韭花名，且文字完整，全篇可读，读之如今人语，至为亲切。"并说："杨凝式是梁、唐、晋、汉、周五朝元老，官至太子太保，是个'高干'，但是收到朋友赠送的一点韭菜花，却是那样的感激，正儿八经地写了一封信，这使我们想到这位太保在口味上和老百姓的距离不大。彼时亲友之间的馈赠，也不过是韭菜花这样的东西。今天，恐怕是不行的了。"

腌韭菜的历史也很长。《周礼》"天官"中记录有韭菹，实际上就是腌韭菜，但没有腌制方法。南宋《吴氏中馈录》有"腌盐韭法"："霜前，拣肥韭无黄梢者，择净，洗，控干。于瓷盆内铺韭一层，糁盐一层，候盐韭匀，铺尽为度。腌一二宿，翻数次，装入瓷器内。用原卤加香油少许，尤妙。"这是一种通常的盐腌方法，现似已不存。

但那是腌韭菜，云南人腌的是韭菜花。

云南人腌的韭菜花有两种风味。一种是曲靖风味的。曲靖，滇东高原小城，古夜郎国属地。秋天，明亮而通透的季节，人们开始了韭菜花的腌制。当地人腌韭菜花的主料有三种。首先是韭菜花。韭菜花老早就留在菜园里了，这个季节正好有"花骨朵"——当然不能等它开花，开花就不好用了，韭菜花味就冒掉了。当地韭菜的香味也较其他地方为浓，掐断一叶，奇特的香味能飘几十米外。在外地谋生，吃到的韭菜如嚼草，不是那个味。其次苤蓝丝。苤蓝，古老的蔬菜，云南昆明、曲靖一带的美好食物。秋天，它们的根茎长成围棋盒那样的椭圆形，不成熟时，味已不错；长成熟，削去皮，加点腊肉，或者火腿片，炖，入口即化。作为腌制韭菜花的配料，则需要将它切成丝，晒半干。三是红辣椒剁碎。以上三者都准备好，就可以开始腌制：将它们拌在一起，加入盐、红糖、白酒，一起揉，然后入坛，发酵，半年后就可以了。

曲靖人腌制出来的韭菜花，辣椒红艳，苤蓝丝也变成了红色，韭菜花则成黑色，是为小小的点缀物，形象上就已很惹人食欲了，吃起来清脆，辣中回甜，吃过之后，余味不绝。每次回云南，我都要带一些韭菜花回来享用。当地人都自己做自己吃，属日常腌菜。

我的老家陆良县，属于曲靖市管辖，与曲靖是邻居，仅四十公里，且同样是汉族，但我们却没有腌制韭菜花的传统。同样离我们仅四十公里的路南，当地彝族腌制的骨头糁、油腐乳与我们的风味又是两回事。云南各地的风俗和风味区别很大，这也正是云南风味多样的明证，也是它吸引人的魅力所在：移步换景，移步换味是也。

汪曾祺多次写到曲靖的韭菜花，在《昆明菜》一文中，他说：

韭菜花出曲靖。名为韭菜花，其实主料是切得极细晾干的萝卜丝。这是中国咸菜里的"神品"。这一味小菜按说不用多少成本，但价钱却颇贵，想是因为腌制很费工。昆明人家也有自己腌韭菜花的。这种韭菜花和北京吃涮羊肉作调料的韭菜花不是一回事，北京人万勿误会。

在《咸菜与文化》一文中，他说：

云南曲靖的韭菜花风味绝佳。曲靖韭菜花的主料其实是细切晾干的萝卜丝，与北京作为吃涮羊肉的调料的韭菜花不同。

还有专门的一文，《韭菜花》，他说：

昆明韭菜花和曲靖韭菜花不同。昆明韭菜花是用酱腌的，加了很多辣子。曲靖韭菜花是白色的，乃以韭花和切得极细的、风干了的苤蓝丝同腌成，很香，味道不很咸，而有一股说不出来淡淡的甜味。曲靖韭菜花装在一个浅白色的茶叶筒似的陶罐里。凡到曲靖的，都要带几罐送人。我常以为曲靖韭菜花是中国咸菜里的"神品"。

清明节，我在原野里撒一点曲靖韭菜花，给汪先生带上。

曲靖人还烧烤韭菜，味道很特别，得到过许多人的赞扬。我没有吃过，想象不出来到底是什么滋味。

云南人的另一种腌韭菜花，算是昆明风味的。其实昆明、玉溪等地都腌制这种韭菜花，现在的超市也都有售。这种风味的腌韭菜花只有两种主要配料，一是韭菜花，二是剁碎的红辣椒，而且多用小米辣。与曲靖韭菜花的鲜红相比，昆明人腌制的韭菜花呈暗色，这是因为韭菜花的比重很大，辣椒只是陪衬调味之物。这样的腌制方法，韭菜花味很直接，扑鼻而来，吃到嘴里，辣味也很直接，这是小米辣的作用。这种韭菜花深为外地人喜欢。我带回单位的昆明风味韭菜花，同事们吃了还想吃。

除了这两种腌韭菜花，云南还有一种神品级的腌制韭菜，不过不是花，而是根，野韭菜的根，别的地方没听过。这种韭菜也叫宽叶韭、大叶韭，有的地方称野韭菜，云南人则称为苤菜，也是百合科的一个种，多生长在湿润地区，山坡或林下，在云、贵、川、藏部分地区有分布，云南普洱、德宏、保山地区栽培作为蔬菜。种苤菜就像种韭菜一样，菜园里，房前屋后都可以。苤菜根系发达，洁白而浓密的一团。当然，在云南也只有普洱、德宏、保山一带的人们享用它，出了这些地方，云南其他人也不一定知道。

我在云南澜沧漫游时，看见拉祜族、傣族的兄弟，将一团团的苤菜根挖回来，洗净，将水分稍微晾干，切成段，有的也不切，加入辣椒、盐、香辛料揉，一天就腌成了。当地的小吃店将其作为早餐米线和米干的调味料，香而辣，而且有独特的韭菜味。不过，已与韭菜花的味道不一样。

西盟，阿佤山，佤族人也腌制苤菜根，他们喜欢将苤菜根与萝卜干一起腌，味非常好，这些都是遥远的山野味，独特的风情。

酸　笋

腌酸笋是古老的美味。《周礼》"天官"中记录有笋菹，实际就是
腌竹笋。《齐民要术》作菹、藏生菜法第八十八："苦笋紫菜菹法：笋去
皮，三寸断之，细缕切之；小者手捉小头，刀削大头，唯细薄，随置水
中。削讫，漉出，细切紫菜和之。与盐、酢、乳。用半奠。紫菜，冷水
渍，少久自解。但洗时勿用汤，汤洗则失味矣。"这种方式腌制的笋现
已少见，味如何，不知。

竹笋一直陪伴中国人的生活，云南是福地，竹笋的故事更多。云南
有两百多种竹子，如果给它们写一个小传，也是好厚的一本书。众多的
竹子中，可供食用的竹笋有二十多种，甜竹笋、黄竹笋、茅竹笋、白竹
笋、斑竹笋、细泡竹笋、窝竹笋、篾竹笋、麻竹笋等等，如果将这些竹
笋再像其他地方按季节分成冬笋、春笋之类，那就更多了。

云南人食竹笋，得天独厚。一年四季，云南人都有新鲜的竹笋可采

食，这是一个很随意的工作，并不需专门去做。上山采茶回来，路边就可挖一根竹笋带回家做菜。竹楼前后也是竹林，清晨的露水滴滴答答，竹笋就在眼前妖娆，想吃了，现采一根就行。一次从易武坐公交到勐腊县城，跑了两个多小时，大家都昏昏欲睡，车子忽然停下来，我以为发生了什么事，探头张望，却见司机拎着一把砍刀钻进路边的林子里去，一会儿出来，很不甘的样子，原来他来时看到的一片竹笋被别人砍走了。

竹笋有大有小，通常食用的是麻笋、龙竹笋、甜竹笋之类，最大的有十多斤，巨型之物。文山广南坝美，是现实中的桃花源：从一个山洞划船进去，仿佛有光，似神秘境地，然后就进入了一个四周皆围着山的小坝子。坝子边上有两个壮族寨子，中间则是河流与田园，稻香飘荡。

我在里面住过两天，没有电灯，傍晚到田园里散步，河流里人们在更衣沐浴，男女分开，各在一段河流中。田园里人们晚种归来，手提巨大的竹笋，肩挑的也是巨大的竹笋，当地壮族妇女用扁担一头担两个，很动人的风情。晚饭在农家享用的就是竹笋炒腌肉，极美好的田园味。两天后从另一个山洞坐船出去，然后乘牛车到另一个寨子，然后才有公路，搭车回县城。那段经历很奇特，现在回想，仿佛是梦中出现的事。

几年前的一个雨季，独自到南糯山深处，一个不为人知的小镇，镇边有一个湖，周边是小坝子，当地居民为爱伲人，哈尼族的一个支系。正是稻苗拔节的季节，寨子里，田野里，到处都是巨大的竹笋。晚上想吃竹笋，小餐馆的主人现到屋后去砍一只回来，剥开切片炒肉丝，那种清爽，至今留在口中。

腊月，别处天寒地冻，云南西双版纳、普洱等热带地区，正是美妙的季节。清晨，妩媚的云雾笼着森林、田园和寨子，人们就在这样的清晨采"冬笋"。冬笋形体小，外壳上还有未洗净的黄泥；虽然小，但架不住山林带来的清味啊。这样鲜美的笋子，怎么吃都是美味。

竹笋是百搭菜，通常与肉片炒，相得益彰，肉也具有山林的清味，古人所谓的山野清供，就得到这些地方来享用。但对当地人来说，这不过是无数野菜中的一种。

竹笋如此众多，就要想办法保存。笋干是云南常见的保存竹笋的方法。其实，古人已有晒笋干的做法，南宋《吴氏中馈录》的"晒淡笋干"条曰："鲜笋猫耳头，不拘多少，去皮，切片条，沸汤灼过，晒干收贮。用时，米泔水浸软，色白如银，盐汤焯，即腌笋矣。"云南人通常的做法是切成丝或片，在沸水中烫一下，晒干后贮存。有的也整块晒干，想吃时，泡开，加入肉丝炒，别样的干香味。

酸笋是最有特色的竹笋食用方法。傣族、壮族、哈尼、布朗等民族都有制作酸笋、食用酸笋的习俗。大批量的竹笋采回来，剥去笋壳，及时一剖两块，或者切成笋片或笋丝，在腌制的土罐中压实，加盐，并加少量米饭，将口封严，然后发酵，时间拂过，笋酸就出来了。云南民间腌酸笋多喜较长时间来发酵变酸，有时达半年，一般说来，腌好的酸笋可贮存两三年。更短时间的称为泡笋，为酸笋的快速腌制方法，两三个星期就可以取出来食用。腌出来的酸笋，味微酸，还带点臭，若单是酸味，那酸笋就很一般了，正是这点所谓的"臭"，让人迷恋不已。

酸笋的吃法多种多样，作为调料最为普遍。滇南的小吃摊上一定有一盆酸笋丁或酸笋丝作为调料摆在桌面上。这些地方的小吃摊上，通常都有十几个调味罐，酱、醋、盐之类的是一类，腌菜、薄荷等是一类，各摊点根据季节来调配。酸笋也只是众多酸味调料中的一味，并且加拌了辣椒，随意摆着，顾客想吃多少就加多少。吃米线，可加酸笋；吃米干，也加酸笋。我在厦门吃当地酸笋面，不过是普通面条加一点酸笋，在云南，这该叫酸笋米线和酸笋米干？不是的，滇南的小吃摊，酸笋不是重要之物，客人随便加入自己的碗中而已。

酸笋也是百搭菜，即使煮青菜也可以加酸笋，成为独特可口的酸味菜，如果再加入其他的蔬菜，比如番茄等，味就更综合了。酸笋鸡是滇南热带各民族的美味，因气候的原因，当地大多喜欢吃酸味食物，柠檬、酸多依、咖喱哆、酸巴果等等，都是当地人喜欢的酸味零食。酸笋鸡只是其中的一种吃法，做法其实很简单：杀了鸡，加入酸笋煮，味道就出来了，微酸而鲜美。酸笋煮鱼，不仅可以去掉鱼的腥味，而且增加了鱼的风味，也是独特的吃法。酸笋煮螺蛳，这种美好的滋味不好描述，还是得自己亲自体验。

还有人专门吃酸笋。孟连，边境小城，傣族古城，宁静而诗意的地方。当地人喜欢将舂酸笋作为小吃。小吃摊上，舂碓响个不停，那是加工酸笋的声音。所舂酸笋已切成丝，加入辣椒等调料在舂筒里舂，出来就成绒状了，辣椒等其他味道也进入了酸笋，作为零食吃，酸辣可口，但对外地人来说，这种吃法可能就有些"奢侈"，有些"重口味"了。

酸笋的味道常在舌尖回旋，想起来，口中生津，算是对它的最好回忆。

芭　蕉

阿哥阿妹的情意深，好像那芭蕉一条根。

阿哥好比芭蕉叶，阿妹就是芭蕉心。

　　这是我多年前喜欢的一首歌，《婚誓》中的一段，经常哼唱。《婚誓》是长春电影制片厂 1957 年摄制的电影《芦笙恋歌》中的插曲，雷振邦先生作曲。《芦笙恋歌》讲述的是解放前澜沧江拉祜族年轻猎手扎妥的故事。

　　拉祜族是古老的狩猎民族，族名的本义是"烧烤虎的民族"，主要生活在云南澜沧县。他们在滇南的丛林里生存，民族风情浓郁。多年来，我十余次进入澜沧县，那真是一个美好的地方。赶集的日子，我见识到百余种当地的食物，都来自森林。拉祜族直到现在仍不习惯种菜。

　　歌词里的"芭蕉"就是香蕉，古代人是这么称呼它的，云南人现在也是这么称呼的。关于芭蕉，人们通常食用的是芭蕉的果实。在云南人这里，芭蕉除了作为水果，还作为菜肴，比如油煎芭蕉，傣族人的"真桂"。它的出现源于偶然：一位傣族老人在做饭时，一边吃芭蕉，一边用油煎鱼，不小心将半截芭蕉掉在油锅里，吱吱几声后，芭蕉被炸黄了，捞出来，尝了一口，香甜可口。于是，傣族人的油煎芭蕉传开了，成了风味小吃。现在，油煎芭蕉似乎已不仅仅流行于云南傣族地区了，我在广东的餐馆里也吃过这道菜。

"阿妹就是芭蕉心"，芭蕉心，芭蕉秆的内部，洁白如玉，或者说如凝脂，用其比喻纯洁的拉祜少女再合适不过。芭蕉心也是美食。当地人将芭蕉茎秆砍回来，它们虽然很长很高很大——热带雨林里的野芭蕉，能长六七米高，就像树一样——但毕竟是草本植物，茎秆松而脆，两下就砍断了。茎秆采回来，主要是切碎煮来喂猪；中间白色如玉的部分就是心，单独取出来给人食用：将它们洗净切片，在水中漂，用筷子搅，去掉蕉丝，漂洗干净，与酸菜、四季豆一起炖熟，称为"芭蕉心炖四季豆"，醇和而带酸味，很不错。

离澜沧不远的西双版纳和更远一些的红河州等地，哈尼族喜欢爆腌芭蕉心，他们将芭蕉心切细，加盐巴和稀饭拌，放入瓦坛内腌渍一两天即可食用，味酸，也是特别的风味。

云南民间还有食用芭蕉花的习俗。傣、哈尼、拉祜、布朗等民族，喜欢用芭蕉花做菜，并且形成了系列。这些用来食用的芭蕉花，主要是野芭蕉和粉芭蕉的花朵。它们长在林谷中，一样能开花结果，只是果实小，果皮内密生黑色种子——这是野芭蕉的基本生存策略，以少量鲜美的果肉吸引包括猿猴以及大象之类的动物来享用，顺带帮助它们传播种

子。但生活在森林中的人们，却喜欢采食它们的花朵。芭蕉花如何食用呢？这里仅举几例。

芭蕉花蘸酱。傣味。将芭蕉花整只水煮或者火烧熟透，剥掉外层苞片，用幼嫩的花瓣和刚长成的芭蕉幼果蘸酱食用，算是一道美味的火烧菜。

素炒芭蕉花。傣味。芭蕉花巨大，实际上主要是一层层的苞片，花朵只是苞片中那一排排黄色的管状花。将芭蕉花的苞片剥去，只用黄色的管状花朵，先加盐腌一下，手捏，挤去水分，加料爆炒，当地人还加葱段，加豆豉。味道还可以，有点锈口，地方风味。

肉末炒芭蕉花。傣味。炒法与素炒芭蕉花一样，只不过加入了肉末，加姜，味更好一些。有的地方用狗肉炒，没吃过，不知味如何。

包蒸芭蕉花。傣味。芭蕉花煮熟，切细，加盐揉，加入鸡蛋和剁碎的猪肉，加葱花、蒜泥、青椒末拌，用芭蕉叶包成方形，蒸熟即可。有一种特别的香味，当然，鸡蛋与肉几成主角。

芭蕉花三鲜汤。傣味。芭蕉花洗净切碎，加盐揉，漂洗去涩，用肉汤煮至七成熟，加入猪肉片或肉末，还加入当地所产的一种味道奇怪的臭菜，煮熟即可，味道鲜美清爽。臭菜，是一种野生的来源于树头的蔬菜，不是腌制品，它是羽状树叶，嫩叶采回食用，因味道有点特别，当地人称为臭菜。臭菜煎鸡蛋，是别处没有的美味。

芭蕉叶也可作菜。芭蕉嫩叶，有一种漂亮而雅致的象牙色，花纹隐现，如果仿制出这样的纸，必然是文雅之物。芭蕉嫩叶在滇南集市上很常见，人们喜欢爆炒来吃。前几年在西双版纳的几个小镇住过，炒芭蕉嫩叶吃过几次，小吃店里都有，味道与芭蕉花大致相仿。

芭蕉叶是滇南实用的炊具。芭蕉叶作为炊具有两个好处，一是随处可见，随处可用，尤其是野外，省了带锅的麻烦，而且比锅更方便，它可以折起来包烧，锅却不能。二是芭蕉叶的清香味与其他食物直接作用，互相促进。具体而言，芭蕉叶可以用来做汤，可以包烧食物，可以包蒸。

芭蕉叶煮汤，主要在野外。猎人进入森林，所有生活都离不开芭蕉。吃饭时，用芭蕉叶包烧菜肴，用芭蕉叶作碗，吃不完的还可以用芭蕉叶带走。休息时，用芭蕉叶垫着，可坐可卧，干净整洁。芭蕉叶煮青苔汤、煮鲜鱼汤都不错：找到生火的地方，生起火堆，火堆边挖一个小塘，用芭蕉叶垫在里面，装上清水，把收拾干净的鲜鱼放在水内，再将烧红的卵石投入水中，水沸腾将鱼煮熟，加上野外采来的调料，真是鲜美的鱼汤！

芭蕉叶包烧是古老的传统，唐代刘恂《岭表录异》"嘉鱼"条云："形如鳟，出梧州戎城县江水口。甚肥美，众鱼莫可与比。……每炙，以芭蕉叶隔火，盖虑脂滴火灭耳。"按照刘恂的意思，芭蕉叶包烧是为了防止油将火滴灭，这倒有些奇怪了。芭蕉叶包烧，傣语"并窝"，意为"卷料烧烤"。十多年前第一次到版纳，在橄榄坝的傣家住了几天，第一餐吃的就是芭蕉叶包烧猪肉，当时一打开芭蕉叶，强烈的香味就涌到鼻前，一尝，很美好的鲜香味，算是定了我对傣味的第一印象。其实，几乎所有的肉类都可以用来包烧，牛肉、猪肉、鸡、鲜鱼、黄鳝及野味都可以，当地人根据食物种类添加各种香辛料，主要有辣椒、芫荽、大葱、苤菜、青蒜、香茅草等。做法是先将肉类用刀背或木槌反复捶，使肉丝松散分离，摊成肉丝片，再加调料在肉丝片上，卷成一卷，抹上猪油，用芭蕉叶包起来，用夹棍夹住烘烤熟透。

芭蕉叶包蒸是傣族的又一种烹饪方式。芭蕉叶包蒸猪肉：将猪肉剁碎，加盐和热带地区无数的香料一起调匀，分成若干份，用芭蕉叶包好，放在甑子或蒸笼里蒸熟即可。芭蕉叶蒸鸡：把整鸡用刀背敲捶，抹配料腌制一段时间，然后用芭蕉叶包好蒸熟即可，成品鲜嫩，香辣可口。包蒸粽子：芭蕉叶裁成小片，卷成漏斗状，装上糯米、花生和肉条等，包成三角形，用竹篾扎成尖角小包，用水浸泡一段时间，放在锅里加水煮熟即可。

芭蕉参与创造的美味，从芭蕉果实、芭蕉心到芭蕉花、芭蕉叶，每一种都印着云南的烙印，都妩媚着热带风情。

棕 苞

在云南保山、德宏等地，棕苞是普通蔬菜之一，就像其他地方人们食用的青菜、白菜那样。

棕苞，就是棕榈树的花苞。棕榈，对大多数人来说首先体现的是一种风情，一种热带、亚热带风情，巨大的轮状叶片就是这种风情的表现。李时珍《本草纲目》说："棕榈皮中毛缕如马之鬃卢，故名。稷俗作棕，卢音间……三月于木端茎中出数黄苞，苞中有细子成列，乃花之孕也，状如鱼腹孕子，谓之棕鱼，亦曰棕笋。渐长出苞，则成花穗，黄白色。结实累累，大如豆，生黄熟黑，甚坚实。"棕榈科植物目前已知有202属约2800种。它们通常单干直立，不分枝，乔木为多，也有少数灌木或藤本植物。它们叶子巨大，互生或簇生于树干顶部，但在藤本中散生，全缘、掌状或羽状分裂的大叶。花小，通常为淡绿色或者淡黄色，两性或单性，排成圆锥花序或穗状花序，多为一枚或多枚鞘状的苞片所包围。在单子叶植物中，它们独具特点，一是形如乔木，二是叶片宽大，三是有发达的维管束。

云南人家的菜园子里总会有几棵棕榈树，尤其那些围绕在房前屋后的菜园子更是如此。云南人喜欢棕榈树，一是容易生长，二是看上去很好看，三是它的作用大，棕红色的棕可以编蓑衣，搓棕绳，茎可以做平房的楼棱，棕叶可以编扇子。

春天，百花季节，棕树也开花。棕树的花由乳白的小粒组成长长的块状，包在同样乳白色的棕苞里。从外形上看，因似人的手巴掌而被人称为棕巴掌。我们小时候将镰刀绑在长长的竹竿上，将棕巴掌从高高的棕树上割下来，有些能耐大的孩子，用棕叶绑一个脚套，套在两只脚上，像青蛙一样一蹦一跳地爬上去采。将棕巴掌乳白色苞衣撕开，露出细密粒状的棕树花，揉捏下来，一把把向"敌人"的头上打去，好玩。春天是热闹的，我们也是热闹的。

棕苞由花变果，我们用它作"子弹"。彼时，绿色的小果挤满了整个棕树的顶部，我们采下来玩战斗游戏。除了用手打，还创造出一种竹筒枪，力量很强：选粗细正好可以塞一粒棕果的竹筒，在竹筒的一端塞一粒棕果，另一端也塞一粒，一根木棍从一端推进棕果，瞄准"敌人"，用手一拍，另一端的棕果由于突然的压力而射出去，打在脸上有时能将脸打青。这种武器暴力性强，最终都被大人收走，在火里烧了。

采棕苞花作为食物，在云南大部分地区都有，但以滇南为多——大至文山、西双版纳、普洱、临沧、保山等地的五十多个县区。一是因为这些地方属热带、亚热带地区，棕榈树的生长更普遍，野生的和半野生的都很多，棕榈开花结果的情形也更常见。为什么这样说呢？千年的铁树开了花，是说想见铁树开花很不容易，但在这些地方，铁树每两年就会开花结果一次。棕榈树的情形也是一样。二是云南人对自然的馈赠都能充分利用，既然这些地方的棕树多，棕苞花多，将其进行味觉上的开拓也是自然的。

我在文山的集市上和红河州的蒙自县都见到过出售的棕苞花，没有试过，但在保山见到棕苞花时，享用了几次。

一月，保山、德宏，快餐店里各种炒好的菜式中，一定有棕苞炒肉这道菜，就像炒青菜一样不能少。保山人的棕苞炒肉，是将棕苞花掰成小块，与肉片炒，但还要加入当地的腊腌菜，就是腌酸菜，还要加胡萝卜丝和青椒丝。这样一份当地的普通小吃，综合了许多种味：肉香，这不用说了；腊腌菜酸，回味而恰到好处；胡萝卜丝，脆且带一点甜；辣椒，云南人最喜欢的味道之一，那是真有点辣的，不是作点缀的。最后来尝棕苞花，嚼到口里，细碎的感觉，那是金黄的花蕾啊，然后有清苦慢慢在口腔深处展开，再与其他味综合，虽然兼具多种味道，却不杂乱，不糊涂，各是各。有意思的一道菜。

"棕苞花好吃回味甜。"当地人这么说。

棕苞炖鸡是另一种口味。做法其实很简单，云南人做肉类这些所谓的"大菜"，通常以直接而纯朴的方式来表达，命名直接，口味直接，强调的是原材料，而不是复杂多变的工艺。棕苞鸡也是这样，将鸡块与棕苞花一起炖，加入盐就行了，没有别的技巧，但这道菜的清爽回味却是技艺无能为力的，因为那是棕苞。

棕苞杂菜汤味也不错。在芒市，这是一道日常菜。一点酸笋，几个番茄，几种野菜，几片豆腐，几块旺子（猪红），再加点棕苞，一起煮熟了，就是带点酸味和苦味的杂菜汤。它们也不是特别的菜，当地人自家做，小吃店里也做，那汤喝起来真舒服。

滇南人还吃棕树心，吃法流行于景谷、景东到镇沅这一带。景谷生活着傣族，他们与西双版纳的傣族不是一个支系，至少泼水节的过法不一样，景谷傣族只是以水浴佛，民间不泼水，但民族风情浓郁独特。景东、镇沅生活着彝族、哈尼族等民族，鲜为外地人所知，他们的美味也鲜为外地人所知。当然，棕树心也不仅仅是他们的美味，保山人吃的也不错。

长势不好的棕树，或者因为其他原因要挖去的棕树，都是人们享用的棕树心的来源。当地河谷中，棕榈树多，差不多快赶上竹子了。人们将这些将被清理的棕树剥开，棕可以用，然后取出清白如牛脂的棕树心，生吃，味道微甜；与鸡一起炖了，异样的清甜和芳香。我并没有吃过这道菜，但尝试过棕树心，与此揣度，味当不恶，要不然为什么当地人那么推崇？这些地方有太多需要尝试的东西了，也有着太多别地所不知道的东西。

油棕在云南民间居然也有人享用。

油棕原产西非，是热带木本油料作物，中国引进不过几十年，只在海南、云南等少数地方可见。云南的西双版纳和普洱等地的各市县，街边的景观树多是它们的形象。它们植株高大，须根系，茎直立，不分枝，圆柱状，叶片羽状全裂，单叶，肉穗花序，雌雄同株异序，因果肉、果仁含油丰富，在各种油料作物中具优势，有"油王"之称，所以得名油棕。

孟连是个民族风情浓郁的地方，当地生活着傣族、佤族、拉祜族等民族，很多在其他地方已消失的风俗在这里还保留着，比如当地佤族妇女喜欢抽草烟，比如当地的火烧肉味道很不错，比如当地人食用的昆虫就很多。我在一个傣族大妈的摊位上发现了一种奇怪的果子，一问，说是油棕果，就是街边长着的那种树。油棕常见，但油棕果不常见。大妈说这是吃的，是当地的零食。这金黄的果子比棕榈果大，煮熟的。大妈抓一把给我，示意我尝尝。我尝一下，像其他棕榈果一样，极少果肉，只有表面薄薄的一层，而且多是纤维状的，味觉有些油腻，不香不甜不苦不涩，说不上来是什么味。

棕苞清苦，回味微甜，都算是平和中正，生活的滋味大抵如此。

香　椿

小时候，菜园里有两棵椿树，早春季节，将刚发芽的椿树头掰下来，强烈的香味弥漫周边。那时的椿树也还小，我们到菜园去也仍够不到，只是跑去看一看。后来，菜园子里盖了新房子，那两棵椿树仍保留在院子里，不过它们也长高大了，要抬着头看。再后来，椿树砍了，院子里再没有椿树了。

摘下来的椿树头呈娇嫩的暗红色，这是一种朴实的土地色，很小的时候我就已经有这种固执的意识了。有时觉得椿树太过于讨好春天。春天的脚步都还没有启动，大地还没有睡醒，不经意一抬头，它们已发出了嫩红的叶芽，这是头道椿。既然有头道椿的说法，当然就有二道椿、三道椿，往后就是老叶了，失去了吃的意义，可以不管了。

宋代苏颂《图经本草》说："椿木实而叶香，可啖。"说明古代人至少是宋代人也很喜欢食用香椿。

头道椿在我们的食谱中有重要意义，它表示最早接近了春天，而且还将春天吃到了嘴里。二道椿则已经有许多的枝叶，"椿"的味道似乎没有那么意义深远，芳香也没有那么深远。

椿的香味独特、浓烈，有一种向上的力量。将它的枝叶折下来，香味能传到邻家去，那不算什么，有时能传到邻村去。但实际上吃起来，它的味道却有一点点苦。

采椿时，我们在竹竿的一头分一个丫，用一根小棍别在里面，用这个丫去拧，一下一个准，动作极干净，那些嫩枝叶快速地落下来。只是不明白椿树的枝节为什么那么脆，一折就掉下来，难道是为了方便我们采摘吗？有时也会为椿树鸣不平，刚长出来的嫩枝就被摘个精光，不过反过来想，它们何尝不是要自我表现呢？

云南全省境都有香椿。人们享用香椿的方法也各式各样。

凉拌是为其一。

云南人喜欢吃凉拌菜，这些凉拌菜多半是野菜，而且多半是"树头菜"，来自树头的野菜。保山等地的树老包，德宏等地的枇杷尖，都是新长的树头，人们采下来，用开水烫一下，切碎，加入调料凉拌。至于调味，则依各地人的口味了。凉拌菜的吃法有两点好处，一是没有过于破坏这些树头原本的清爽，二是口感更好，味道也更直接。当然，这要看什么菜了，各种菜都有自己的食用方式，云南人摸索得很到位。至于香椿的凉拌，我们通常是滴上几滴麻油，也就是花椒油，味道确实不错。明朝《救荒本草》也说："采嫩芽炸熟，水浸淘净，油盐调食。"炸熟？这种凉拌方式有点过了。

作为配料是为其二。

就拌豆腐来说，香椿拌豆腐比小葱拌豆腐层次高，但这种吃法多在北方，云南人少见。云南人常用香椿炒鸡蛋，鸡蛋的味道本来也香，这样一来，香上香，锦上添花，但不见得是好味道。炒肉也许更好，肉是腊肉，腊肉味内敛，香椿味张扬，两者弄到一起，配成一对，互补，层次丰富。这在过去也是高级别的菜了，即使现在，这味道"级别"也不低。

腌制是为其三。

无论凉拌还是炒食，云南人对香椿的食用都保持着克制。实际上，云南人更喜欢将它们用来腌制，然后做长久地保留，慢慢享用。

净腌香椿较为常见。香椿采回来，晒半干，切碎或整条，加盐加调料加酒，揉一揉，装在瓶子里，可以食用好长时间。有的人把它放在开水里焯一下，捞起来，暴晒至六七成干，然后以烧酒、盐巴拌匀，入缸内密封腌制，可保存很长时间。到这里，想起六必居的腌香椿，腌制的程序很复杂，不是云南风格，最终成品形状保持较好，但盐味太重，白色的盐花都渗挂在外面，吃时需清洗去盐。

香椿与豆腐乳一起入腌是云南人最喜欢的做法。小时候做豆腐乳时，香椿还没有发芽，大人们在年前先将豆腐乳腌制好，待到初春椿芽冒出来时，采下来，清洗一下，晾干水，将腌制好的豆腐乳从一个缸里腾到另一个缸里，这过程中加入香椿头。腌制出来后，豆腐有香椿的味，也保存了香椿，一年都可食用。多年前休假回老家，想起椿的味道来，季节已过，母亲却从村子里给我端来一大碗香椿腐乳，用罐头瓶子装成四瓶，我享用了很长时间。据说这家女主人就是从一个叫椿树凹的地方嫁过来的。我在云南地图上看到过许多奇怪的村庄，有不少名字与椿树有关。

　　菜油腌香椿是玉溪人的做法。香椿晒半干，切碎，加盐，加辣椒，用炼熟的菜籽油泡着，可吃很长时间。

　　红河个旧人喜欢腌香椿果。香椿果实际上不是香椿的果子，"果"字是后缀，就是指香椿头。他们腌制的香椿又咸又辣，有香味也有怪味，但似乎少了原味。

　　以上香椿的腌制品都是作为配料和调料的，舍不得做"菜"。

　　香椿还有一些吃法，云南没有，但不妨一试。明人慎懋宫在《花木考》中说"采椿芽食之以当蔬，亦有点茶者，其初苗时，甚珍之。"清人《花镜》云："嫩叶初放时，土人摘以佐庖点茶，香美绝伦。"香椿点茶，也就是泡水喝，不知味道怎样。香椿还可磨成粉作调味品。清代

《养小录》云："香椿细切，烈日晒干，磨粉，煎腐入一撮，不见椿而香。"这种做法，民间虽已不见，但那股椿香，可以想象得出。

春天来了，又想起了童年时的椿树。

鱼腥草

　　鱼腥草，古称蕺，今云南称则耳根或折耳根。因为它的叶片像耳朵，而吃的又是它的根茎，故有此称谓。它是双子叶植物三白草科蕺菜属，是一种具有腥味的草本植物，日常蔬菜。唐苏颂说："生湿地，山谷阴处亦能蔓生，叶如荞麦而肥，茎紫赤色，江左人好生食，关中谓之菹菜，叶有腥气，故俗称鱼腥草。"

　　鱼腥草具有清热解毒、利尿消肿的功效，多吃拌腌根茎对上呼吸道感染、尿路炎症、乳腺炎、中耳炎、肠炎等有一定疗效。《滇南本草》说："治肺痈咳嗽带脓血，痰有腥臭，大肠热毒，疗痔疮。"

　　生长在水边草地里的鱼腥草，如果单从它小小的叶面来看，实在说不上有什么起眼的地方，但喜欢鱼腥草的人不会把它们忽视，他们像发现什么有趣味的东西一样，沿着它们的叶，把地下那长长的盘根错节的地下茎扯出来，算意外的收获。鱼腥草的地下茎都有节，每隔一小段就有一个，如果在地面上，这些节会长出些叶子来，但在地下，就只有一些细细的毛根。

鱼腥草的吃法也许有很多种，但基本的吃法就是切成小段，用各种调料凉拌，是云南民间真正的"草根"菜。凉拌鱼腥草在魏晋时代就有了，《齐民要术》记有"戢菹法"：

> 戢去土、毛、黑恶者，不洗，暂经沸汤即出。多少与盐。一升，以暖米清沸汁净洗之，及暖即出，漉下盐、酢中。若不及热，则赤坏之。又，汤撩葱白，即入冷水，漉出，置戢中，并寸切，用米。若碗子奠，去戢节，料理接奠，各在一边，令满。

那时的凉拌鱼腥草要用水焯一下，主要配料就是盐，当时还没有辣椒，如果有，肯定也少不了。现在云南凉拌鱼腥草与其他小菜一样，口味自定，但主要的配料是辣椒，其他还有红油、芫荽、酱油之类。在云南，凉拌鱼腥草是一种过于普遍的小菜，更多的时候，它担当的是调味品的角色。在昆明吃过桥米线，若干配菜中必然有一小碟凉拌鱼腥草，口感稍滑，那是红油的作用。在蒙自吃过桥米线也有凉拌鱼腥草，不过并不是随配一碟。蒙自的过桥米线并不那么复杂，要吃多少钱的，在小店门口买一张小纸片，八元或者十元，上面记着价，就像过去的公共食堂一样，拿到窗口去领米线。米线的那些配料食堂早已下好了，也就是"桥"已帮您过了，您只需端来享用。另外窗口有三四个盆子，里面分别装着自取的调味品：红油旺子（猪红）、酸菜、鱼腥草几种，自己用一个小碟子去取。

凉拌鱼腥草最合适的搭配也许就是豆花饭。在云南滇南文山一带，小餐馆饭前的开胃菜就是拌腌鱼腥草。我在砚山等地的街子上见当地人吃苞谷饭——苞谷就是玉米，将其磨碎蒸出来，作饭状，就是苞谷饭。一碗苞谷饭，外加一碗菜豆花，配一杯苞谷酒，酒是烧酒，还有一碟免费的鱼腥草，吃得很淋漓。

鱼腥草现多已种植，从菜园里扯几段回来，自己拌食，用的多是煳辣子。到餐馆里吃一桌"大餐"，也少不了一碟鱼腥草的出现，它是个性独特的角色，虽不担当主角，但也不亢不卑，总能扮演好自己的角色。

据说鱼腥草还有其他吃法，比如炒肉，但我认为其他吃法都不正宗，炒这炒那的，结果当然没有这样那样的味，只有被破坏掉的鱼腥草味。

鱼腥草的另一种吃法例外，就是景颇人的春菜。他们把鱼腥草、苦子果等与烧烤后的鱼、虾、鳝放在竹筒里春，再加入其他调料，这样制成的菜式虽然并不是以鱼腥草为主，但风味独特，辣却有清凉感，是种奇妙的做法。我在景颇族地区吃过春肉干巴，肉干巴干实回香，鱼腥草因为春的关系，味道全奔出来了，并与肉干巴、辣椒交融，鱼腥味反而并不那么强烈，而辣味倒是真辣——小米辣春出来，不辣才怪。

因为鱼腥草独特的味道，分化出了两个态度迥异的人群：喜欢它的人到处讲它的好话，味道如何好，如何可以清凉；不喜欢的则说太难吃了，从来没有吃过这么难吃的东西。

只有鱼腥草依然展示着自己的味道，不以为然。

现在，越来越多的人喜欢上了鱼腥草，鱼腥草也从野生而种植，成为驯化品种。由好奇而喜欢，这正是它的魅力。

青　苔

多年前在勐仑小镇的一个小餐馆里第一次享用青苔，当时的感受说不上惊喜，但确是有点奇怪。

青苔，藻类植物之一，水中的艺术品。我小时候生活的地方，夏天多水，村前有一个龙潭，有水从地下涌出，附近一片都是水汪汪的世界。那时的世界单纯而美好，在里面捧水喝，在下游游泳，劳动回来，在流水里洗脸，"沧浪之水清兮，可以濯我缨；沧浪之水浊兮，可以濯我足"，描绘的就是我们这样的生活。青苔在干净、清凉而流动的水里飘摇，就像水中的精灵，神秘而充满生机。那时，我们总认为龙潭深处隐着龙，这是我们对水的尊敬。

彼时，想不到千里之外会有人享用青苔。我们生活的地方海拔 1800 米，属于高原，气候凉爽。往南 1000 公里就是热带地区，虽然同属一个省，却同样是遥远而不易到达。那个地方就是西双版纳。

西双版纳，梦境一样的地方，"那儿的山崖都爱凝望，披垂着长藤如发；那儿的草地都善等待，铺缀着野花如过果盘"。如今，西双版纳已去过很多次，每一次我都会想起台湾诗人郑愁予的这首《小小的岛》，虽然描绘的是热带海边世界，用来表现西双版纳倒也恰当。

捞青苔，是西双版纳傣族淡水季节的活动。所谓淡水季节，就是西双版纳的干季。西双版纳的季节不能分为四季，而是两季，其他地方的春冬季节大致对应这里的干季，也就是淡水季节；夏秋季节大致对应的是雨季，雨季每天都可能有阵雨，雨水多，河水上涨，水也呈黄色，澜沧江是这样，南腊河也是这样，是为丰水季节。

淡水季节，气候干爽，河床裸露出来；水流清洁，河中岩石上都挂着长长的青苔。傣族妇女从绿意掩映的竹楼里走出来，三五成群捞青苔。她们的腰里系着竹编小箩，将捞到的青苔随手装到小箩里，一边滤水一边捞，欢笑声与流水声一起流动，多么美好而诗意的场景。

捞回来的青苔可以鲜吃。青苔鲜汤是最简单的吃法：拣去混在青苔丝内的杂质，用清水反复漂洗，配上一种叫"聚果榕"的嫩树尖，加葱、蒜、芫荽等作料烹煮。煮时，就像云南人做其他汤一样，可先将油锅烧热，入两三块蒜瓣煸炒，香味溢出，入鲜青苔和食盐翻炒，加水烧沸，再加入聚果榕嫩尖煮熟，加入切碎的青蒜、芫荽即成，有的还在汤面上撒葱花。成品色泽青翠，气味清香，吃起来则是鲜香味。这样的吃法，很容易让人想起海边的人煮紫菜汤，只不过紫菜汤需要将紫菜烤干后煮，才有更鲜美的味。青苔煮汤的味道虽不是紫菜般的鲜味，但却带着森林和河流的气息，是属于森林和河流的清香。

还有更古老而原味的青苔汤。傣族人生活的地方是热带雨林，雨林里动物众多，狩猎一直是傣族人重要的食物来源。猎人进山，十天半月才出来，除了自带一些干粮，也要依赖森林来获得食物，其中青苔汤就是最为普通的食物之一。他们在森林里烧起篝火，将猎物烤干，做成干巴，以便带出森林，同时也解决了猎物的变质问题。他们当然也做饭，但通常情况下并不带锅碗瓢盆之类入山，他们只需带一把砍刀，森林里无处不是大自然馈赠的美味。做饭，砍一段竹子来烧竹筒饭；做肉菜，干巴加盐就是美味；餐桌，采几片芭蕉叶就可以了，餐具也是芭蕉叶。采集到合适的昆虫，用芭蕉叶包烧，或者直接在火上烤，都是很好的蛋白质美味。森林里绿色的都是菜，无数种野菜，可以生吃，可以包烧。想喝水，砍一段扁担藤，里面有很干净的水，可以畅饮。

　　至于汤，青苔汤就是最简单而鲜美的猎人汤之一。先在河边取几块河卵石扔到火堆里烧着，然后在地上挖一个小坑，采几片芭蕉叶垫里面，做一个临时的锅，用竹筒取水倒进去，适量。到河里采一点青苔，有其他野菜也可采一点，洗净，放到"芭蕉锅"里。看看卵石烧红了，用竹棍取出来，丢进"芭蕉锅"里，噗噗有声，森林里的青苔汤就煮熟了。然后，用竹筒舀着享用，原始的情趣。

　　现在禁止打猎了，但当地人在野外劳动，这道汤还是要享用的。因为其风味独特，口感滑美，在当地的餐馆里也有人专门做这样的汤，不过只是吃其味，少了森林里的环境。好在青苔仍是来自森林来自河流，感觉犹在。

　　青苔也可以清蒸，当然，还要配上其他料，通常是加入剁细的肉，有的还加入鸡蛋，加食盐和其他调料。西双版纳等热带地区调料众多，人们喜欢在做菜时加入很多调料，口味较重，外地人食用可要求少加调料。比如清蒸青苔，傣族人可能就会加入辣椒、葱、蒜、姜、芫荽、野韭菜等，感觉好像不是清蒸。另外，当地蒸青苔要加入猪油味才好。蒸出来的青苔色彩新鲜，既有绿色的青苔，也有粉色的肉，还有黄色的鸡蛋，口感细嫩，吃起来别样鲜香。

青苔还可以凉拌。我在西双版纳没有吃过这种小菜，而是在边境小城孟连见识到的。孟连，傣族古城娜允是为县城，从这里跨过边境就是金三角。这里生活着傣族、佤族、拉祜族、布朗族等民族，民风淳朴，和平安宁。这里能见到各民族各种有意思的食品，凉拌青苔就是其一，当地小吃摊上就有，新鲜青苔加柠檬、辣椒等拌成，口感滑腻，隐约的酸辣味。

傣族女子们采回来的青苔只有很少的部分是用来新鲜吃的，更多的是加工成干片保存。加工有两种方式，一是在水里淘洗干净，然后在小筛子里搅拌，轻轻从水中捞起，就像抄纸那样，就形成了青苔片，将这样的青苔片晒干，可以保持很长时间。另一种是加料青苔干片，制作时撒上姜汁、芝麻、辣椒等调料晒干。

傣族人清晨的早市上都有青苔片，几乎随处可见，足见当地人对它的喜欢。

吃青苔干片的方式主要是油煎：将其切成小块，或者整块，下油锅里面炸脆即可。有点清香，有点淡，别具一格。作为小菜，总体上来说还是很有意思的，一桌菜上有一份会不错，不过单独弄一碟吃饭，不对路子。

青苔，清流之下的艺术品，富含绿色素、叶黄素、胡萝卜素和维生素，还含有人体所需的无机盐和微量元素，可防治疟疾，对消化不良、肺炎、气管炎有一定治疗作用。这种天然而绿色的小食品，大概只有云南可见吧。

苦　菜

云南人的苦菜可从两个方面来理解，一是特指，就是带苦味的青菜，二是泛指，所有带苦味的菜。

云南人称青菜为苦菜，这称谓在云南来历久远，明代的兰茂著有《滇南本草》一书，小册子，内有"青菜"云："一名苦菜。味苦，性大寒。凉血热，寒脾胃，发肚腹中诸积，利小便。"

菜园里，青菜通常和白菜长在一起。它们仿佛是兄弟似的，个头也差不多，但长大的青菜似乎更张扬一些，不像白菜那样收敛叶片，包裹着鲜嫩而洁白的菜心，而总是向四方伸展着，试图占据更多的地方。从颜色来看，青菜和白菜也有很大的区别：这一点，从它们的名字也可以看出来。世界上也许只有少数几种蔬菜被直接以"菜"来命名，并简单地加上颜色了事，可见它们的形象真是普遍到了"代名词"的地步。好在它们并不在意，青菜依然碧绿可爱，依然肥硕，依然装点着我们的饭碗。

青菜比白菜更受云南人的欢迎，究其原因，也许就在于它有一些淡淡的苦，而这种苦似乎和云南人的生存状态有某种程度的吻合。这种苦味，既没有重到让人受不了，也没有淡到让人感觉不到，它恰到好处地洇在云南人的舌尖上。

夏天，云南人吃小苦菜。所谓小苦菜，就是青菜还小的时候，拔回来煮汤，颜色青绿。待青菜更大了些，我们摘回叶片和土豆一块儿煮，有时也和白菜一起煮，还是喜欢那种苦味。云南的青菜能长到很大，一米多高的青菜也常见，外地人见到以之为奇。我在广东生活多年，也没见过这么大的青菜。过年时，滇东人会将青菜放在门口，表示清白和清洁两种意思，可见它的使命重大。

冬季，青菜经过霜冻，煮出来，入口即化，味极好。云南的"霜冻"季节贯穿整个冬季，滇东至滇西一带的冷刚到"霜冻"这个程度，只偶尔有雪，不会将菜冻伤，所以冬天的菜园美味不少，白菜、苤蓝、蒜苗、豌豆尖、菠菜等等，菜园里仍是青绿的世界。这些菜在这个季节最好，原因有二：一是天气干燥，水分有所收敛，味道更丰富；二是霜冻且行且享用，想吃青菜时，现去菜园里砍一棵回来，新鲜的味，不像雨季的青菜，纤维粗，不可口。很多在云南这个季节吃过青菜的人会念念不忘，别处没有啊。云南人外出，更是怀念不已。

吃不完的青菜秋冬季节腌酸菜，白菜则晒白菜干。

另一类泛指的苦菜多是野菜。云南人喜欢苦味，遍及全省，很多野果就具苦味，云南人食用的花卉也具苦味和涩味。苦都能吃了，还有什么不能吃的呢？成年人总这样教育孩子。但在苦味的总体布局上，还是滇南要重一些，一是因为那里是热带，苦味具清凉作用，二是那里野生苦菜也确实多，几十种应该不在话下。这里仅录几种日常食用的野生苦菜，对当地人来说，比我们吃青菜还随意。

苦凉菜。这是多年前我在勐仑小住，招待所旁边一家小吃店的店主推荐给我的。之后，我在版纳，总是像当地人一样，要么来份苦凉菜煮汤，要么来份素炒苦凉菜。苦凉菜其实是一种野生茄科灌木，叶片青绿厚实，性寒味苦，有清热解毒、利湿健胃的功用。普通的吃法就是煮汤或者炒。煮汤，青绿，微苦，叶也微苦，我认为它的苦味比较"正宗"，不偏不倚，没有特异的味觉。普通的小菜，就应当是这样的味道。它们在当地，地位相当于别的地方的青菜白菜。苦凉菜有名的吃法是炸蛋酥：将苦凉菜鲜叶洗净，在加鸡蛋和的面里蘸一下，放入油锅微火炸熟食用，外表金黄，香中带苦。不过，对苦凉菜来说，这种做法有点过了。

苦子果。不少人喜欢苦子果，傣族、哈尼族、佤族、拉祜族都是。人们摘来苦子果，可以自己吃，也可以到集市上去卖，当然也卖不了什么钱，三块五块的，零花。集市上，芭蕉叶上摆着的绿色果子就是苦子果，圆形，小指头大小，很多结在一起，常论枝或把出售。当地人喜欢论把卖或者论堆卖，一块钱或者两块钱递过去，自己挑一把，用芭蕉叶包走。你若是问多少钱一斤，少有人理你。苦子果炒牛肉，不少人向我推荐，加些青椒，有点辣，有点苦，是我喜欢的小菜。

苦藤叶。云南热带地区普通的藤本植物，采藤上的叶来食用。有时带小花，淡紫色。用它煮汤或清炒，都有种清爽的苦味。与苦凉菜相比，苦藤叶的苦味更重一些，但都是普通"小苦菜"。

刺五加。最初见到刺五加，是在滇西保山的集市上。刺五加的嫩叶绿中带黄，绿是嫩绿，黄是嫩黄，还泛着光；仔细看，还有嫩黄的小刺。后来，在澜沧，在版纳，都见到刺五加叶作为小菜。人们采刺五加叶主要是用来煮汤，味道有点苦，但更多的是怪味，就是说不清的那种味道。还有点抓嗓子。不习惯的人可能吃一口就够了，喜欢的人则大嚼特嚼，就像人们对鱼腥草一样。两者的味道虽然都"怪"，但绝不是一回事。我曾忍着怪味喝过几碗刺五加淡绿的汤，还吃光了所有的叶，后果就是有点反胃，不过过一会儿也便没事了。

苦茄。这是一种奇怪的茄科植物，结的果实像小南瓜，不过只有荔枝大小。阿佤山有，德宏有，多在干季出现，味清苦，是当地人的美味。

苦刺花。云南人有食花的传统。守着一个大花园不食花也好像不对。可食用的花很多，上百种是肯定有的。集市上常有一些使外地人感到奇怪的摊点，这些摊点由若干盆子组成，盆子里都装着水，水里都浮着或者沉着一些细小的物品，细看，是花或者花蕊。只要你有足够的好奇心，摊主就会热情地告诉你它们都是什么花，通常泡着的有木棉花、苦刺花、棠梨花等几种。用水泡着好看一些，保存时间长一些，也能去除涩味和苦味。苦刺花只是其中的一种，花细小，不显眼。

苦李子。苦李子是一种菌，雨季出现，清灰色，很普通的样子。因炒食有苦味而得名。

荷叶尖。在保山、德宏等地，小荷小露尖尖角的初春，人们采回嫩荷叶作为小菜。这才是地道的苦菜，水样的清苦味。

慈姑。写意而漂亮的水生植物，它们成片生长在云南坝区的水田里，不过不是野生的，而是种植的。人们享用它的水下球茎，像个逗号一样，是云南人最为重要的水生蔬菜。汪曾祺很喜欢慈姑的清苦味，沈从文认为慈姑的格高，那倒是真的，炒食或者炖食，它水样的清苦就是它的格，就是它的品性。

草 芽

芽与尖，以部位取胜的两类美味，皆以"鲜嫩"而受宠。尖者，如南瓜尖、丝瓜尖、豌豆尖、枇杷尖等，都是这些植物长出的嫩尖，大约有几十种。有的将花一起采来食用，比如南瓜尖。但这里强调的是"芽"，比之"尖"，更多了一层娇嫩，比如椿芽，以及现在流行的鱼腥草芽，白菜及芥菜的芽——现在有专用的名称"娃娃菜"——都直指蔬菜新长出的部分。

建水是云南高原上的一个小坝子。云南多山，而且是大山，山间便散落着碧玉般的小坝子，坝子的形成多因湖泊、流水的关系，因此坝子多丰饶，处处一派田园风情。建水便如是，这里多河流水泊，也多水产蔬菜，莲藕、慈姑、荸荠、茭白、草芽等，都有不错的产出。

草芽，草之芽也，是简单而直接的称谓。草芽和茭白外形有些相似，也都是水生植物的嫩芽，但在细节上还是有区别的，茭白较粗壮，草芽较娇细。味道上，茭白脆一些，泡一些，草芽柔一些，更清味一些。

草芽并非现在才在云南人的舌尖上回味，古人享用它就很有一套。草芽古称"蒲"，是高大的水生植物，能长到两米多高，叶宽，常用来编席。《诗经》中有关蒲的诗句不少，《陈风·泽陂》有云："彼泽之陂，有蒲与荷。有美一人，伤如之何！"《王风·扬之水》中说："扬之水，不流束蒲。彼其之子，不与我戍许。"《大雅·韩奕》亦云："其蔌维何？维笋及蒲。"

古人食用"蒲"的方式也多种多样。《齐民要术》作菹、藏生菜法第八十八之"蒲菹"条："《诗义疏》曰：蒲，深蒲也。《周礼》以为菹。谓蒲始生，取其中心入地者，蒻，大如匕柄，正白，生啖之，甘脆；又煮，以苦酒浸之，如食笋法，大美。今吴人以为菹，又以为鲊。"这里的食蒲有四种方式，一是菹，盐腌；二是生啖之，甘脆；三是煮，以苦酒浸之，如食笋法，大美；四是吴人"又以为鲊"。

陆游《舟过小孤有感》："未尝满箸蒲芽白，先看堆盘鲙缕红。"一红一白，红者鱼鲙（现统称为"脍"），白者蒲芽，按理说都是不错的美味，只是诗人心境不那么好，"商略人生为何事，一蓑从此入空蒙"，欲望太强，美食也是枉然。

建水的草芽有名，盖因为环境尚好，人们对草芽也善于经营，所以能有一定的规模，并不只是靠采野生的草芽。又因为外地人来得多，吃过的都说好，一直想着它的味，传来传去，草芽就开始在云南人中有名了。现在，借助媒体的力量，其他省市的人也知道这里的草芽不错，而它的价格也贵了许多。某个冬季的中午，我在建水的街子上寻找它们的踪影，被告之大清早一上市就被人全部收走了。

建水古城西门外曾经是水田，里面长着茂盛的蒲草，具有独特的高原水乡气息。去年我再去看，土地已被填平，准备开发房地产；要看草芽田，得到更远的地方去。草芽虽说是建水特产，但周边县市有水的地方也都有产，比如开远、个旧。

草芽在初春上市，还带着春天的气息。建水草芽的吃法，多为切段与肉炒。草芽与茭白、慈姑类似，属于水生蔬菜中的百搭菜，性情温雅，很好相处。它们与肉类相得益彰，肉类的油脂可提升和固定草芽若隐若现的水样清芳，草芽可消除肉类的燥气与腥味，使肉类也变得平和温雅了，吃到嘴里，感到此肉非彼肉。至于草芽味，隐约的清味外，还有一层淡淡的凉意。

魔 芋

汪曾祺在昆明读书时，时常吃到魔芋豆腐，他赞扬了云南的各种食物，对魔芋豆腐却有成见，说它"不知是什么原料做成的紫灰色像是鼻涕一样的东西"，还说它是"紫灰色的，烂糊糊的淡而无味的奇怪东西"。每次看到这些句子，我都忍不住哈哈大笑，哎，汪先生对魔芋豆腐不了解啊。

在云南，魔芋是寻常小菜，不算家常小菜。寻常者，很普遍也，除了云南，四川、重庆、贵州也多有魔芋入菜，但不及云南普遍。寻常的另一解，它们多在单位的食堂里出现，差不多与豆腐一样随处可见，也不枉沾了"豆腐"两字。家常者，自家易做之物，但魔芋豆腐自家做起来较为复杂，做一次也吃不了多少，没必要。所以它出现在单位的食堂里也就很容易理解了。学校的饭堂更少不了它，在云南读书的学生，从高中到大学，不知要吃多少次魔芋。我在云南大学四年，酸辣魔芋豆腐常吃，云南味。

魔芋，长相花哨，扇形叶，有斑斓的皮肤，让人容易想到蛇，有妖冶气，或者说有"魔"气，得名当源于此。云南人家，房前屋后的菜园子里都有魔芋的身影，很多时候并不是有意去种植的，它们红色的玉米棒状的种子聚合体，被乡间无处不在的鸟类和小动物带着四处撒播，四处成长。

魔芋的种类很多，据统计全世界有260多个品种，中国有记载的是19种。最大的是东南亚雨林里的巨魔芋，有两米多高，是世界上最大的花朵之一。它们不仅茎上有花纹，花就更奇怪了，黑乎乎的一团，由小而大，就那样从地下冒出来，不时飘来丝丝臭味。

在西双版纳和湛江我见过一种巨大的魔芋，还跟踪拍摄过它们几年。它们通常在雨季开花，从地里突然就冒出一朵大花苞来，黑褐色，约30厘米高，然后慢慢开放，褐色苞片展开，露出粗壮的花柱。花柱黑乎乎的，顶部是光滑的一个圆形的家伙，有人称为附属器，下部分列雄花和雌花——它们的花形被称为"佛焰苞"。总体上看，魔芋的花皱巴巴的，颜色黯淡，毫不显眼。

云南民间食用的魔芋并没有这样大的花，通常是更为细长的柱状，生活的环境也更为清凉一些。

魔芋有个特别的功能：花朵会给自己加热。晚上，魔芋的雄性小花会释放热量，使佛焰苞不断升温，高温让腐尸般的臭味浓烈起来，在潮湿的空气中四处飘散。这样做的目的，是为了吸引昆虫来授粉，臭味是吸引授粉者的广告。

蝇类和甲虫是魔芋的授粉者，它们带着其他花朵的花粉，钻进佛焰苞底部，传授花粉，也享用雌花分泌出来的食物，还有温暖的温室环境。当雄花释放出花粉时，它们又沾上一些花粉飞到别的花朵中去。

魔芋的花期不长，大约两个星期，加热可能就两三个晚上。加热需要大量的能量，它们也只能加热几个小时，恶臭也只有那么一会儿。授了粉，花谢了，就有绿色的小果结出来。它们的果实不像海芋包在苞片里成长，而是直接就从一根棒状物顶端结出来，成熟时是红色的，众多果实缀在花柱上，像个火炬。红色的种子是小动物们的最爱，小动物享用着它们，帮助它们传播种子。

魔芋是如此奇怪的一种植物，云南人却用它来作为美食，就像云南人将地涌金莲作为美食一样，难免也会使人心生奇怪之感。

云南人食用魔芋的地下块茎。魔芋的茎根并不像其他植物一样有根有系，而是扁圆形的块状物，有点像苤蓝埋在地下的样子，不过外皮是土灰色的，与种植的土地颜色差不多。削去外皮，里面是白色的，但并不能直接吃，它们有毒素，还得经过一些程序才能成为"豆腐"状。

制作魔芋豆腐的程序是这样的：首先，将魔芋切成片，与大米或苞谷一起浸在水中，还要不时换水，清洗魔芋的毒素，发胀后，用石磨磨成浆。其次，在大锅内烧很多水，因一片魔芋做成的魔芋豆腐，能膨胀数十倍的体积——想一下，在饭堂里打一份魔芋豆腐，不过是指头那么大的一小块魔芋的根茎做成的。再将已成浆的魔芋注入锅内煮，煮时要不断搅动，以求均匀。待煮熟，即成半透明的胶状物，铲起摊晾，即成魔芋豆腐。最后，待摊晾完毕，用刀切成块状，还要放在水中浸泡，并常换水，数天后，水没有怪味时，即成魔芋豆腐的原料了。

云南的集市上，魔芋豆腐太过寻常，像豆腐一样成块出售，多为不规则形；颜色有的青灰，有的土黄，看上去还会晃动的感觉，有点Q，因为它们是胶状物。它们通常被摆在案板上和豆腐一起出售，有的也泡在水里。我在哈尼族地区还见过另一种魔芋豆腐的形状，当地人做成小条状，串起来出售。

魔芋做到这个程度，吃起来才方便。人们买回去，切成小块，加入酸菜、辣椒之类，或煮或炒，就成了一道寻常小菜。虽然不是名贵之物，却颇有特点，称其为魔芋豆腐，是取其形，不是取其味。味道呢，有点淡，烹饪时虽然加入的酸菜、辣椒都是重味之物，但这些味道只是包围在魔芋豆腐之外，并不能进入到内部去，所以味仍是淡的。

藠　头

地方日常饮食中，都应当做好三道小菜：一份小炒肉，可以是猪肉，也可以是牛肉或者羊肉，要有自己的特点，有当地味，如四川的青椒炒肉、湖南的炒腊肉、天津的炒肝尖、西宁的爆炒羊肉等等；一份菜汤，日常菜汤，不是所谓的大菜，比如云南民间的苦菜汤、豌豆尖汤等；一份腌菜，保定春不老、绍兴梅干菜之类也。再延伸，北方还要有当地特点的一种面食小吃，兰州的拉面、西宁的馄锅、北京的炸酱面之类，即使是南方，重庆的小面、成都的担担面、广东的云吞面，也都不错。在南方还需有一份有味道的米饭，扬州炒饭、南京泡饭、福建咸饭之谓也，米饭也不仅限于南方，新疆的手抓饭，别的地方能替代吗？

云南的炒饭，可在两个方向上努力并固定下来，一个是酸菜炒饭，一个是糟辣子炒饭。两者都具云南的酸辣味，清爽，简单，却格调高。相比较来说，我更喜欢糟辣子炒饭的味道，酸辣适度，而且有特殊的风味，口感也爽，算是炒饭中的逸品。这里所谓糟辣子，不是用酒糟腌制的，而是用藠头腌制的。新鲜的红辣椒剥碎，藠头剁碎，配上白糖、盐巴和酒腌制，红的艳鲜，白的晶洁，新鲜滋润，是云南民间极好的调味品。

糟辣子的主材料藠头，古人所称的薤也。藠头是一种古老的蔬菜，属多年生草本百合科植物，叶细长，开紫色小花，南方多有栽种。我们食用的藠头，是其地下鳞茎，成熟的藠头洁白晶莹，有半透明的感觉。过去有的地方称其为小蒜，形有点相似，但味道差别太大。蒜味，强烈而刺激，健壮大汉之形；藠头，微辛而软糯，小家碧玉之姿。另外，看一看"藠"字的结构，就更能理解这种美味的形象了。

小时候老家水汽荡漾，常有人种植藠头，野藠头也常见，放学后背着背篓在原野里挖野藠头，真是辽远而诗意的日子。

藠头主要用于腌制，特殊的风味。腌制藠头，古已有之。《齐民要术》作菹、藏生菜法第八十八："作酢菹法：三石瓮。用米一斗，捣，搅取汁三升；煮滓作三升粥。令内菜瓮中，辄以生渍汁及粥灌之。一宿，以青蒿、薤白各一行，作麻沸汤，浇之，便成。"这种腌制有些复杂，类似于现在云南富源人腌酸菜法，汤汤水水的，味酸。此法今似已不存。

小时候，在老家陆良，几乎家家都腌制糟辣子。糟辣子的主料是藠头和辣椒，腌制的时间多在秋季，藠头成熟了，菜园子里的辣椒也成熟了。我家并没有种植藠头，通常是到集市上换购一些回来，亲戚朋友有时也送一些来。将藠头洗净，晾干表面的水分。辣椒现从菜园子摘回来，洗净，也晾干表面水分。藠头与辣椒的比例一比一为好，将它们剁碎，像米粒大小，在盆里加入盐、糖以及酒，拌好，装入洗净晾干的腌菜缸发酵腌制。整个过程都不能沾到油腥，否则就坏了。十天半月便可以掏出来吃了。一打开缸的盖子，美妙的酸甜味就扑鼻而来，视觉上就更美了，鲜艳的红，温柔的白。可直接食用，也可用来拌饭、炒饭，味道真叫一个美。家乡人外出上学或谋生，带着它，乡情在，乡味在。

如今，云南各地的集市上都能见到腌制藠头的身影，不过，并不像我老家那样将藠头剁成细粒，而是整粒腌制。即使在西盟阿佤山区，山间的街子上仍能见到它们的踪影。我曾前往阿佤山多次，对山月与云海都留下了极深的印象，当地人古老而纯朴的生活场景也印在记忆中。在勐梭小镇上品尝到当地的腌藠头，甜辣适度，滋糯清爽，滋味辽远，吃过后还总想着它。

不只在云南，贵州、四川、湖南民间也喜欢加辣椒腌制藠头。广东、广西则喜欢糖醋泡藠头，像糖醋大蒜一样，但比大蒜清脆而糯，味也调和低调。四川泡菜中的泡藠头味也不错。

新鲜藠头的味道也很好。"久吃龙肝不知味，馋涎只为甜藠头"，是马龙人对自己产的藠头的广告。马龙是一个县，在昆明北部，青山秀水，所产藠头出名，昆明人食用的藠头大多来源于此。开远的藠头也有名。旧时，物流不畅通，云南各地的食物多局限于本地，所以都具有强烈的地域特色。藠头切片或剁碎，常作为炒菜的配料，小时候挖野藠头，回家炒土豆吃，山野清味。

汉代有《薤上露》乐府："薤上露，何易晞，露晞明朝更复落，人死一去何时归？"藠头叶上的露水极易干掉，仿佛我们的人生。

Ⅱ

·
·
·

火　腿

　　十多年前的某个清晨，因雨季封路，只好经老窝、漕涧出怒江。从怒江六库镇坐上小公交，人没坐满。出六库镇不久，就是高高的道人山，一路风景极美，人烟却少。雨中经过依在山脚的一个老窝古镇。大片的瓦房，面墙都是古老的木板，建筑看起来都不错，想当年是有钱的地方才能建的。这里曾经是茶马古道上的重要小镇，当年的马帮贸易带来繁荣，因为新的道路的修通，这个古老的小镇就冷落下来，一直在道人山下安静地度着时日，保持着深山里的古老作派。然而，老窝深藏在道人山间不为人知，但这里出产的火腿却为它撑着昔日的荣光。

　　云南有名的火腿很多，老窝火腿当是其一。当地人说，在明代时老窝火腿就很有名了，是段氏土司等当地达官贵人的专享物。其实，它更属于走马帮的人：走马帮的人远走他乡，带着一条火腿，既能长时间保存，也将家乡味带在身边，这才是火腿真正的味道。

与其他火腿相比，老窝火腿看上去更黑一些，因为它在风干腌制中有熏的过程。老窝火腿味道醇厚，香味浓烈，有隐约的甜味——当地人多烧荞麦秆熏制，荞麦秆的清甜味就隐现其间了，算是另一种格调的白族风味。切开的老窝火腿有腊肉味，油分较重，多种腌制肉类趣味的结合，是火腿中的神品。

诺邓火腿是又一种白族风味。诺邓在大理的山区，原为盐井，产盐，商业发达，文化也得到促进和发展。诺邓出好火腿，得益于当地的盐，盐里有钾的成分，当地人认为这与火腿的风味大有关系。原材料"腿"则来源于当地黑毛或者棕毛土猪，棕毛土猪人称"火毛"。将猪腿加盐揉压，在干爽的空气中发酵，经过时间的作用，好味道就出来了。现在，诺邓火腿因央视的介绍而被更多人知晓。

鹤庆圆腿是白族风味的另一种火腿。在大理地区，享用鹤庆圆腿的人更多，因为这里属于大理坝子，与老窝、诺邓相比，交通方便很多。鹤庆圆腿因腌制的形状呈圆形而得名，有人也称其为盘腿，据说是后腿上盐后需放入一个圆形陶罐中成型，大约二十天才取出晾晒发酵。不过，我在鹤庆看到很多的火腿小店，火腿成串地挂着，并不见成"圆形"或者"盘形"。

丽江三川火腿是纳西族风味的火腿。三川是一个坝子，虽说是坝子，海拔也有两千多米。这里的火腿制作工艺已有近四百年，据说有66道工序。腌制时除了食盐外还要配上白酒，大多会被塑造成琵琶或柳叶状，由于腌制采用的是干湿混合法，所以成品的质地有别于其他火腿，被称为"软性火腿"。三川火腿的发酵也很有特点，发酵过程是在灶灰中完成。我在丽江吃过三川火腿，火腿片炒娃娃菜，娃娃菜脆爽，火腿味浓郁丰厚，与其他火腿相比，它更具高原的气息。

云南火腿的代表还是宣威火腿。宣威火腿一般在冬季腌制，寒冷干燥的天气更易使肉风干。彼时，将本地猪宰杀后，肉块除去瘀血，从蹄到肘，先皮后肉，加盐反复搓揉。再经过腌制、发酵、风干等过程，次年端午节后腌熟。宣威火腿吃法多样，可炒，可蒸，可煮，也可切块烧烤至焦黄，再洗净煮熟，切片食用。讲究的吃法是用砂锅炖，如此更能品尝到宣威火腿的美味，汤色清亮，味道鲜甜，肉质红嫩细腻。

还有不少的火腿，都以产地为名，比如红河地区的黑火腿、无量山火腿、涌宝火腿、师宗龙庆火腿，等等。它们风格各不相同，隔着大山大水，火腿的风味各自独立发展。

云南的火腿好，得益于几个条件：一是风土与气候，腌制火腿的地方海拔均较高，大多在两千米左右，气候干爽，发酵好，如在我现在生活的地方，又湿又热，想自然发酵做火腿，没门。二是原料好，云南各地的土猪是火腿好味道的保证，猪都慢慢养，我小时候养猪过年，都要养三年，两百多公斤是常事，说与外地的同事听，他们眼睛瞪得很大，不相信。三是盐的保证，一些地方的火脚由当地所产的盐来腌制，比如诺邓火腿和老窝火腿。四是精细的工艺，云南人心境安宁，制作火腿像制作艺术品一样对待，而不是批量的商品。有了这些因素，云南的火腿称为艺术品也是可以的。

火腿有"名气"的吃法不少。如生鲜火腿，三年以上老火腿的肘棒外侧一块，切成薄片生吃，据说味很好，我没有试过，不知其详。金钱腿，火腿炖熟，肘棒横切，外圈是皮，灿若金边，内为半透明的脂肪和朴实红色的瘦肉相间，是为金钱。锅贴乌鱼，昆明传统名菜，用肥膘、

72

乌鱼、火腿相互合贴，煎制而成。火夹乳饼，两块乳饼之间夹一片火腿片，清蒸而成，都是厚重味。

二十年前，想吃一次火腿也不是容易的事，尽管宣威就是我们的邻县，但它是民间的大菜，很难像现在一样可以随时享用。另外一点，火腿大多盐重，云南人随便就炒食一盘，菜里面加了火腿，就成了火腿味。记忆中火腿皮炖大红豆来得更好，火腿的味也有了，油脂给大红豆带来特别的芳香，火腿皮的盐味也淡了，很好的搭配。有江浙的朋友说，这样吃浪费，一是盐重，吃不了多少，本是作为重要的"调味品"的，用来作菜，并不见就是好事。

云南人还用火腿丁焖饭，另加土豆块、蚕豆米，就像广东人的煲仔饭中加入腊味一样，将几种食材的层次都提高了不少，从实用性来讲，饭菜合一，且具综合美味。饭因为火腿而具有奇妙的香味，土豆和蚕豆米因为火腿而获得了另外的香味，而火腿丁也减少了盐味。这是赶马人通常的食用方法。云南马帮穿行山间，赶马人背着火腿陪伴一路，奇妙的味道，奇妙的旅程。现在云南的一些餐馆里专门做这样的焖饭，我每次回云南，在母校云南大学门外的圆西路都会享用一份，仿佛回到了旧时。这也算是标准的云南味。

不久前在浙江享用金华火腿，称为蜜汁火方，外层是甜的"蜜汁"，内里是咸香的"火方"，确有江南情致。相比而言，云南的火腿味道直接而深厚，仿佛很多年的交情。

云南各地火腿的制作正从家庭化制作向作坊化制作转变，这种转变有助于强调和形成地方风格和民族风格，以集体的方式亮相——不然，一个寨子每家腌制的火腿都因为用料、手法、季节的不同而形成不同的味道，每一条火腿都像人一样有自己的性格。只是，另一问题正在前来的路上，当云南民间的各种火腿因"交流"、"借鉴"而越来越标准化越来越同一化，最终只有"云南火腿"一种味道的时候，我们去哪里回味和怀念那些古老而风格各异的味道呢？

骨头糁

　　骨头糁，一种连肉带骨头剁碎的腌制食品，在云南的汉族、哈尼族、彝族、白族等民族中是普通食品。

　　糁，古老的肉食腌制方法。《礼记·内则》所载"八珍"中有"糁"，制法是"取牛、羊、豕之肉三如一，小切之与稻米。稻米二，肉一，合以为饵，煎之"。糁从口感上来讲就像是夹生饭的那种感觉，不过当时的"糁"是因为"稻米"的存在。

　　先秦时的糁，到了魏晋南北朝时就变成了"菹绿"的一种，贾思勰《齐民要术》"菹绿第七十九"录有"酸豚法"："用乳下豚。燖治讫，并骨斩胾之，令片别带皮。细切葱白，豉汁炒之，香，微下水，烂煮为佳。下粳米为糁。细擘葱白，并豉汁下之。熟，下椒、醋，大美。"这里面"用乳下豚""并骨斩胾之"，倒有点像云南现存的骨头糁，但是，"酸豚法"这古老的食物仍"下粳米为糁"。

云南民间的骨头糁，虽然有"糁"的名，却没有了"稻米二，肉一"、"下粳米为糁"这些做法，而仅是将骨头剁碎来作为"糁"。

很小的时候我就品尝过骨头糁的味道了。但并不是自家腌的，我们家吃的似乎都是别人家的。小时候生活的山区算是彝汉杂居，撒尼人是彝族的一个支系，他们更多地居住在路南。比较而言，撒尼人做骨头糁更普遍。

过去做骨头糁并不容易，只有在杀年猪时才有机会。杀年猪是云南的传统。过去，每家都会养一头很大的猪在年前宰杀，以准备一年的食用油和肉食。我们的食用油是猪油，炼好后成乳白色的凝脂，用瓦缸装着，得用一年。肉食则用多种方法腌制，火腿、腊肉、走肉（过油后腌制的肉）、香肠等都可以，骨头糁是其一。其他还有油渣、酥肉等，也可保存很长一段时间，年后吃。

骨头糁的做法通常是将猪脆骨、排骨、肚杂、油渣等剁碎成"糁"状，也就是米粒状或者米渣状，骨头剁得越碎越好，然后加入姜、蒜、辣椒、酒、盐、八角、草果等等配料，揉，入味，装入陶罐中腌制，一段时间后就可以吃了。

腌制出来的骨头糁是生的，并不能直接就吃。年节过去，想吃点带荤的食物，骨头糁就是其中的选择。掏一碗出来，放在蒸饭的木甑里蒸，饭熟了，骨头糁也熟了。未蒸时看上去不起眼的食物，一下就红亮鲜艳起来，浓厚的酱香扑鼻而来，使人眼馋，嘴也馋。古人喜欢的醢，大概也就这个样子。不过当年可没有辣椒，只有花椒、姜之类调味，虽不是红亮，但也油亮，食欲的挑动性也很强。

骨头糁蒸熟后什么味？香，深厚而奇怪的土地香味；辣，厚实的辣味；还有咸，是真咸，算是旧时保存盐分的一种方式。

对上学的孩子来说，带一瓶骨头糁去上学，一个星期的菜或调味品就算是有了。我的初中时代，三年都是一个菜：自带土豆交给学校做土豆片，每餐一大碗米饭加一大铁勺连汤带水的土豆片。然后就是各自带来的腌菜；那真是腌菜的展览会，细数一下，当有数十种。蒸熟的骨头糁是这些腌菜中的高档品，因为它毕竟是肉类。还有更远的同学，因背土豆不方便，而且几个星期才能回去一次，就自带炼熟的猪油拌饭，也是高档品。彼时，我们能分享到一点骨头糁当然也是很开心的事。

云南山间奔波的中学生们，至今背包里还有着骨头糁的位置。

骨头糁并不只是猪骨头糁一种，还有鸡骨头糁。

野鸡骨头糁也是路南撒尼人腌制的特产。1980年代，正上初中的我在同学家多次见到过捕猎来的野鸡，我们称其"菁鸡"，意谓生活在山菁里的鸡，外地人称"锦鸡"，极美丽的家伙。现在回去，原始的山林没了，菁鸡没了，人还在，人心在变。撒尼族猎获到菁鸡多喜欢用来做骨头糁，做法与肉骨头糁相类，将菁鸡杀了，整只连骨剁细碎，如米粒大小，加入辣椒、姜等调料一起腌。去年我得到了一瓶撒尼人产的菁鸡骨头糁，蒸熟后享用，鲜、香、辣、咸俱备：鲜是因为腌制发酵的作用，香则是肉类本身具有的味道，辣源于辣椒和姜的共同作用，咸还是真咸，不敢多吃。

云南人吃骨头糁能吃出家乡味，但外地人品尝则需作两种味觉上的准备：一是骨头糁味道都很重，主要是因为鲜肉腌制，必须加很多盐才能保证不坏；此外，云南人味重，加的调料也很多，不是一般人能接受的。二是里面有无数细小的骨头，云南人连骨头一起吃下去，钙质丰富，不过骨头虽经长时间腌制，嚼起来仍是"糁"，骨头仍在，外地人可能不习惯这种口感。

骨头糁也并不只是腌制的。2004年，我前往边境小县金平。这里是苗族瑶族傣族自治县，多民族的家园，除了苗、瑶、傣等族，还有哈尼、彝、汉、壮、拉祜等民族和至今尚未确定族称的"莽人"，少数民族占百分之八十以上，风情各异，和谐相处。县城叫金河镇，依在秀气的山谷间，周围的山不算很高，被当地的哈尼族和红头瑶开垦成梯田，空气干净而清新，世外桃源也。

我在向晚的阳光里走出小镇，在美丽的梯田间漫步。村寨里有狗叫声，有鸡鸣声，也偶有人出来进去，一切都显得平和而安宁。回到小小的山镇，累了，就在一个小店里吃快餐。菜的品种很丰富，四元钱一个人，饭随便吃，外搭随便饮用的萝卜汤或豆花。店主是一位老人，正在一个火架上烧豆腐，我慢慢享用，顺带吃了几块烧豆腐，无意中嘴里吃到一种奇怪的东西，看上去是细碎的肉，嚼起来却很硬，打听才知，那是小鸡骨头糁。这种不是腌制而是现制炒食的小鸡骨头糁我第一次品尝，是当地特产，宰杀年轻的鸡仔整只连骨头剁成米粒大小，然后炒食即可。吃时当然就连着骨头吃下去了。

骨头糁是一味古老的味道，仍安静地隐在云南民间，独自散发着岁月的芳香。

羊汤锅

　　无论是在内蒙还是青海草原上，吃手抓羊肉时我都会想起云南山林间的羊肉汤锅。在游牧民族中，羊肉一直是人们生活中的首要美味，并且形成了自己的食羊文化。北方的羊肉大块煮，白水煮，刀剥而食，有北方的豪放。云南彝族，山林间的游牧民族，羊肉砍剁成小块，大锅炖，味浓烈，是南方的热烈。

　　从我记事起，羊汤锅的香味就一直飘在寨子里。我家的邻居是彝族撒尼人，他们曾是游牧民族，一直养羊。周边的汉族深受他们的影响也养羊，而且成规模。有一部电影叫《阿诗玛》，讲的就是撒尼人的故事。如果有机会去美丽的石林，看到附近的那些村寨，我的家乡就是那样的。人们唱：

　　　　姑娘们赶着白色的羊群，

踏着晚霞她们就要回来。

远方的客人啊请你留下来，

为了幸福我们尽情歌唱，

哎洛哎洛哎，

塞罗塞罗塞罗哩哎洛哎，

远方的客人请你留下来……

撒尼族和其他彝族支系一样，是一个热情的民族，不管生人熟人，进到他们家里，他们都会尽其所有招待，直到现在也是如此。明代陈文《景泰云南图经志书》"路南州"有"务悦其长"条："州之土民若罗罗之类……然其为土官者，以公务至其村寨，辄更相迎候。至其家，馨其所有，刲羊击豕，剖酿以款宴之，妇女列侍府拜，务取悦以致其醉饱而后已，若是者视以为常。"路南，就是现在的石林，十多年前改的名称。罗罗，撒尼人的自称。

在生产队时，二哥是羊倌。我小时候跟着他放过几天羊，那时尚未入学，七八岁的样子，据说跟一天还有一两分的工分。夏天放羊多在山林里，因为平坝地区都已经种上庄稼了，只有广阔的山林才是羊儿们快乐的地方。秋冬季节则回到平坝地区的田地里，这时庄稼已经收割，田野里的杂草都是羊儿们的美食。放羊很累，因为它们总是在林子里快速地移动，像一片云一样。

撒尼人喜欢吃羊肉汤锅，我们也喜欢吃。将黑山羊宰杀，用火燎去羊头、羊脚皮毛，在炭火上烤黄，敲碎，连同羊血、肚杂、羊肉一锅煮，先大火后小火，最终出来的就是美味。煮时除放盐以外不放其他调料，食用时再配上花椒、辣椒、芫荽、薄荷等。全羊汤锅必须要有带皮羊头、羊脚才佳，其味越煮越香。这种吃法的好处是汤白、味浓、肉香，而且营养丰富。

彼时，村子里有很多的羊群，吃羊肉汤锅的事经常上演。村里有重大活动、过年过节或农忙秋收都要杀羊炖肉吃，要么集中在一起吃，要么分到各家，那可是快乐的事。人们高兴地吃完羊肉，男人们还喝一点酒，古人说的"家家扶得醉人归"的景象可能就是这个样子。

1980年代初，承包到户，羊群都分到了各家各户，我们家就没有再养羊了。

初中时，我们在学校周围的山林里念书，总能看到挂着铜铃的牛群缓步走着，敲出特有的节奏。而羊群，只能偶尔见到，它们像一片白色的云，在山林里悠悠移动，这是绵羊。如果是山羊，就什么也看不到

了，它们的皮毛是褐色或者黑色的，很容易隐蔽到树林里。初中时也享受过一次羊肉：一次在学校里没有打到饭，跟着一位同学到小百户村里他的一个亲戚家，正赶上人家杀羊，狠狠地吃了一顿，长久都在回味。那时，村庄中只有部分人家有羊群。

彝族地区，赶街子吃羊汤锅也是一项重要的活动。云南民间的街子就是定期的集市，每隔几天，就在固定的小镇上或者某个地点赶街，人们从四面八方涌来，出售、购买物品，交流人情世故。有些甚至什么事也没有也要到街子上去，"到街子上去玩"，这才是最重要的；而吃汤锅，就是彝族人前往街子的一个重要目的。人们集中在这些临时架起的铁锅前，铁锅里煮着香浓的羊肉。锅边摆开几张方桌几条长凳，人们一波又一波地来，点一碗又热又辣的羊肉，来一杯高度的苞谷酒，喝下去，痛快淋漓的汗就出来了。独自享用不错，几个好朋友划拳猜令也不错。

城市餐馆羊肉汤锅的吃法就像火锅一样，先将羊杀好煮好，切成片，然后根据客人点的数量，加入汤锅中一边煮一边食用，也是热闹的去处。前年春节回老家，高中几个同学小聚，在一家羊肉汤馆里享用，一样的味，只是环境有点改变。喝得热火朝天的时候，不知身在何处，餐馆也是山野了。

在家里吃羊肉汤锅，只需到专门的羊肉店去购。羊肉店每天都杀数只羊，将羊的各个部位大锅煮熟，购买者指定某些部位，店家切成片，带走，调料另备好。回家后将调料加入肉中，连汤带肉一起煮，一家人一边享用一边回味过去的生活，也是美味的现代汤锅。我每次回老家，在县城工作的妹妹就带着大堆的羊肉回来吃汤锅。亲戚朋友聚会，吃羊肉汤锅也是最好的选择，一是有气氛，热闹，二是它确实很美味。

羊肉在云南民间还有其他吃法。比如南涧彝族的羊皮煮肉,用羊皮当锅,煮食羊肉,鲜嫩美味,风味独特。沾益花山带皮黄焖羊肉,是当地彝族、苗族的特色菜。回族的丁香烤羊腿、清炖羊蹄、清炖羊肉都很有特点。如果去了云南,最不能错过的就是羊汤锅。

羊汤锅的香味正飘荡在山林间,匆匆的旅人,为什么不停下脚步去尝一尝呢?

牛干巴

干巴，晒干的肉类，别的地方称为肉干，一种古老的食物保存方法。

干巴当起源于渔猎时代。在野外猎获动物，需要及时保存，不然就会腐败，于是在森林里架起柴火，将猎物及时烤干，可保存很长时间。现在的云南，拉祜族、傣族、独龙江畔的独龙族等民族，仍保留着渔猎的习俗。猎人每次出门狩猎，至少十天半月的，猎物就必须加盐烤干带回。傣族的狩猎生活远去了，但他们还在河边打鱼，也在河滩上烧干带回。如果在西双版纳等地旅行，就会在集市上见到许多烤干的鱼，是烤干的，而不是晒干的。

牛干巴，实际上是一种加香料腌制后晒干或者烤干的牛肉。

云南的牛种类多：坝区民族养水牛，山区民族养黄牛，滇西北高原的藏族养牦牛、犏牛。犏牛是牦牛与黄牛杂交的产物，高大壮实。云南各民族都喜欢吃牛肉，回族、藏族更以牛肉制品为主要肉食。回族以吃黄牛肉为主，吃法有清炖、红烧、小炒、粉蒸、水煮、冷片和炸牛干巴等。藏族吃牦牛、犏牛，主要是清炖、炒、红烧和炸等。

云南的牛干巴，分回族牛干巴、藏族牛干巴和傣族牛干巴，各具特色，各有吃法。

回族用于腌制牛干巴的牛，称为菜牛，牛肉则为牛菜。菜牛专门饲养，膘肥体壮。冬季清晨，阿訇宰牛，他们手法麻利，刀法精准，一头牛"下"为二十四个"菜"，寻甸回族称其为二十四块牛干巴，合为十二对，每对都有名称：饭盒、里挡、镰刀、火扇、外白、碓嘴、抢口、胸子、骨梆梆心、瓜子、头道肋、二道肋。滇南回族称之为大团肉、小团肉、背脊、内脊、肋条、胸子、外板、肩肉等。

下好菜，把牛菜一一挂在墙壁上或屋檐下，晾去水汽，当晚就要腌制。先把牛菜放在竹簸箕里，加盐搓揉，先揉厚部再揉薄部，然后按厚薄先后放入瓦盆，用木盖和麻布袋把盆口密封。腌制二十天左右，取出晾晒，早上晒出，下午收回，展平堆放，薄肉在下厚肉在上，层层平压。一个月左右，晾晒过程完成，便可挂进屋内，成为牛干巴。这些牛干巴都是独立的块状，看上去很有"型"，而其他民族腌制的牛干巴是不按牛肉的结构而是切成条状的。回族牛干巴在云南的集市上都有它们的身影，并不限于回族人家，汉族、彝族、白族等等都喜欢。

以前，牛干巴是大菜，并不是想吃就有。记得小时候第一次吃牛干巴，嚼不动啊，但强烈的香味又吸引着食欲，于是嚼啊嚼，越急越得慢慢来，那滋味，深厚而扎实。现在生活在云南的人则可以常食，但在讲究原生态和原味的今天，牛干巴也仍是大菜。牛干巴的吃法主要是切成薄片用菜籽油炸，因其干硬扎实，用刀很不容易切开，要横丝切，这样能薄能厚，吃起来也便于咀嚼。

县城的真理街生活着很多回民，我们食用的都是回族牛干巴。回族牛干巴可以保存很长时间，人们也可以带着它远走他乡。在外生活多年，每次回家，父亲都会准备一块牛干巴叫我带上。干巴是很干实的家伙，基本没有水分，但我带到湛江的牛干巴多半都长霉坏掉了，即使是放在冰箱里也是如此。

生活在滇西北香格里拉的藏族腌制牦牛干巴。香格里拉，神秘之地，雪山、草原、流水，还有蓝天与花海，森林与湖泊。这里生活的藏人与天空最接近。当然，这里气候寒冷，全身多毛的牦牛也是适应这种气候而存在的，它们是高原之舟。牦牛们安静地生活在香格里拉，调子沉稳而厚重。

相比来说，藏族人腌制牦牛干巴，受季节的影响较少，即使是七八月份的雨季，这里的气候也是寒意翻翻的，所以一年四季都可以腌制牛干巴。他们将牦牛肉割成长块状，加盐、花椒、辣椒等料，使劲搓揉，然后，任由高原的阳光和风的抚摸，直到晾干，成为暗红色的干巴。牛干巴晒的过程也是腌的过程，两个过程合二为一，它们的成品也一直挂在高原的阳光下，或者火塘边，愈久愈香。

牦牛干巴吃法也像黄牛干巴一样，切成小片，用菜油炸了，有时也和新鲜的薄荷一起炸一下，即使是腌过，牦牛干巴的腥味也更重一些，口味也较重，但仍是云南味。吃起来，口感扎实，需要慢慢嚼，越嚼越香。

我在青海也吃过大块的牦牛肉干，但味道不一样。青海的牛肉主要是加盐，没有加入过多的香料和辣椒，所以味道较为清淡，而且加工成小块的牛肉干因为"青海"、"牦牛"、"吃虫草"这些宣传因素而更受其他地方的推崇。云南藏族的牛干巴，因为强烈的云南式辣味和云南式咸香味，更为云南人接受。

傣族的牛干巴则是烧烤出来的，不是风干的。傣族所生活的地方在西双版纳、普洱、德宏等地，与滇西藏区牦牛生活地区干冷的气候相反，这些地方终年炎热，雨季长，空气湿润，想靠自然风将牛肉风干，肯定还没有干透就坏掉了。但傣族人适应环境，他们腌制牛干巴用火烤。将牛肉割成长条，拌盐拌调料，他们辣椒加很多，然后用一个铁架架在火堆或者炉子上，将牛干巴堆在上面慢慢烤。我在勐海的一个傣寨里住了几天，主人家每天都有客人来吃饭，所以生了好几个炉子。客人走了，炉子闲下来，主人家就将那些棍棒样的牛干巴取出来堆在火炉上慢慢烤，过一会儿翻一翻，是颇有生活趣味的一景。

傣族的牛干巴分两种，一种是水牛肉的，较便宜，味不够好，有点柴；一种是黄牛干巴，很好的味道，被人推崇，但价也贵。不过当地人纯朴又有信誉，想吃黄牛干巴或者水牛干巴，告诉他们就行了，不会给客人弄错的。

享用傣族牛干巴一般是先用炭火烘烤，变热，用木棒敲碎，用手按直丝扯为细条，再用油煎炸着吃，也有的直接加调料用舂的方式弄碎了吃，味道香，但相比其他种类的牛干巴，它辣多了。傣族味，热带味。

文山壮族的黄牛干巴也很有特点，也是将黄牛肉切成长条，很像云南汉族人腌的腊肉，大条，用绳子吊挂在火塘上。文山也是温热潮湿之地，牛干巴不是轻易就能风干的，所以常挂在火塘上烤。壮族的味也很重，辣椒和盐下不少，但味不错。

云南牛干巴还保持着古老的饮食生态，带着厚重的历史味和土地味，离开了这个地方，牛肉就不是那个味，牛干巴也不是那个味。我带到湛江来吃的牛干巴，仅两个月再弄来吃，味就变了。

乳饼与乳扇

　　乳饼的历史记录很早，唐朝人孟诜《食疗本草》"乳腐"条："微寒。润五藏，利大小便，益十二经脉。微动气。细切如豆，面拌，醋浆水煮二十余沸，治赤白痢。小儿患，服之弥佳。"当时的"乳饼"称为乳腐，意谓像豆腐一样的乳制品。唐朝是由牧马人李氏家族建立的，那个时代，游牧业比现在发达，游牧业尚且是游牧业，"乳腐"的气象也当是大气磅礴的。

　　元代无名氏《居家必用事类全集》有"造乳饼"法："取牛乳一斗，绢滤入锅，煎三五沸。水解，醋入乳内，渐渐结成。漉出，绢布之类裹，以石压之。"这就是现在云南民间仍用的乳饼制法。

　　元时设立行省，蒙古人将云南纳入行政版图，从这时开始，中原以及蒙古人的生活像河流一样流入云南的崇山峻岭，并深刻地影响和改变着这块土地。而乳饼的制作方式，也当是这个时候传入的。为什么制作乳饼的方式仅在云南白族和彝族等少数民族中存在？白族得洱海之利，周边的草原很多，畜牧业一向很发达；而彝族源于古老的游牧民族羌族，他们游牧的传统在云南得以很好的保留，直到1980年代仍是如此。我小时候生活的地方，羊群成片在大地上飘荡，不过仅仅几十年，这个传统就渐行渐远，几近消失。每次回家，乳饼仍吃，村里也仍有人家在做乳饼，母亲也仍会去买一块给我带回现在生活的地方，但是，那大都是圈养的羊群了，原野上飘荡着的羊群哪里去了？原野哪里去了？

云南的乳饼现多为羊乳制成。白族制作的乳饼形制较小，一斤两斤的样子。制作方法大体是先用纱布将鲜奶进行过滤，滤去杂质，按一定的比例在羊奶中加进酸水，酸水是各地的秘方，制作者自己把握，然后加热煮沸，等有凝结物出现，用纱布滤出，包住进行挤压，进一步滤去酸水，即成一块四方形的乳白色的乳饼。楚雄和石林一带的彝族人生产的羊乳饼形制较大，有的数公斤重。

洱源白族也利用牛奶加工乳饼，方法区别不大。

乳饼的吃法较为简单，通常是油煎：乳饼切成小块，在油锅煎黄，有的人喜欢吃甜味的，蘸一点白糖，有的人喜欢吃咸味，撒一些椒盐，都具浓烈而干的香味。青豆米烩乳饼是回族的传统菜，而乳饼夹火腿，则是云南汉族的传统菜，厚味加厚味。剑川人还有一种独特的吃法，他们把乳饼与甜米酒、火腿、糖混合拌匀，隔水或者在蒸饭的甑子里蒸熟后食用。

乳制品更干爽的保存就是乳扇。乳扇，早期的记录见于明代陈文《景泰云南图经志书》内"和曲州"篇"乳线"条："积牛乳澄定造之，土人以为素食，名曰连煎。"没有写明具体的做法，撰修者也只是听传说而已吧。《清稗类钞》"滇人之饮食"条："滇人饮食品之特异者，有乳线，则煎奶酪而抽其如丝者也。"撕成丝可以，但抽成丝没听说过，也是道听途说而已。

大学期间，同宿舍的阿钟是大理洱源人，我曾跟着他到洱源去玩，高原的山川与草原，草地与花海，田园与河流，那真是奇妙而美好的地方。他家养有奶牛，早上起来，我们学习给奶牛挤奶，挤出来的牛奶现煮来喝，很特别的感受。更多挤出来的牛奶，则被邻居家收去做乳扇了。

其实在更早前，阿钟就带乳扇给我们享用。宿舍的同学虽然都来自云南，但是分属不同的州县，相互之间的生活习俗相差很大：老宋家在富源，与我们县相邻，但他们那里的水酸菜与我们的腌酸菜不是一回事；老严是玉溪人，他们吃的鳝鱼米线与昆明的焖肉米线不是一回事，虽然相隔只有一个多小时的车程；阿钟带来的乳扇与老刘带来的石屏豆腐也根本不搭界；老聂说琵琶肉好，阿伟则说粽子好。相互之间饮食习俗全然不同，这才是云南饮食的魅力。

阿钟带来乳扇时，我们都是第一次吃，生的，掰开就往嘴里送，好奇怪的味，还有点腥。大家吃了一点就作罢了。阿钟不甘心：这么好的美味怎么这样的反应？于是找一个电炉子来，我们偷偷地烤着吃，果然，味道好多了。

乳扇是用牛乳制成的，主产地就是阿钟的家乡大理洱源。制作方法也颇有特点，先是在锅里放入少量酸水加热，加入牛奶，用筷子搅动，蛋白质和脂肪逐渐凝结，用竹筷挑起来，摊成片，卷在架上晾干即可。这样制成的乳扇，感觉很轻盈；微卷，看上去像乡村用的扇子，得名即源于此。因其容易晾干，存放时间也较长。

吃乳扇，烘烤、油炸皆可。油炸可以撒白糖或椒盐，也可在乳扇中夹豆沙再油炸。白族有名的菜肴很多以乳扇为主料，如乳扇凉鸡、炒乳扇丝等。有名的三道茶也是用乳扇作为原料。

不知别的地方还有没有乳饼和乳扇，我在西藏、青海及内蒙古等地没能见识到它们。云南为什么能将这些过去的食物保留下来？因为偏远，因为春风不度，因为与外界交通不便。也因此，尽管很多中原食俗传进云南的时间很晚，但一旦传入，却会在云岭山间得到很纯粹的保留。

牛撒撒

最早一次吃牛撒撒是在腾冲。那是十多年前，向晚，阳光照在古老的街上，有一种孤独的流浪感。看到一个小店有一块牌子，上书"小利撒撒"，问了半天也不明白，于是来一份。店主大妈用一个木夹榨了一碗柠檬汁，还加了别的调料，然后是一份细米线，上面加些半干的肉片之类。蘸一下吃，微酸，很像是某种过桥米线。

那时大学毕业不久，不懂外面的世界，也不懂云南，但是充满好奇，计划利用每年的探亲假，用五至十年去整个云南走一走看一看，到腾冲就是这样的目的。后来知道，当时吃的是撒撒，叫柠檬撒，是德宏傣族人的风味食品，不是腾冲的特产。

"撒撒"是傣族称谓，"撒"者，有人说是凉菜之意，有人认为可理解为一种拌料或蘸料。柠檬撒，就是以柠檬汁为蘸料的食物。"撇"，意指牛肠内的苦汁。"撒撇"合起来就是以牛肠内的苦汁为蘸料的食物。

撒撇实际上是古老食物的现实遗存。最早的见证是唐代刘恂《岭表录异》，其"卷上"记有此种独特食物："容南土风，好食水牛肉，言其脆美。或炰或炙，尽此一牛。既饱，即以盐酪姜桂调齑而啜之。齑是牛肠胃中已化草，名曰圣齑。腹遂不胀。"唐代岭南人的"圣齑"，就是现代云南傣族的"撒撇"。

宋代也有记录。朱铺《溪蛮丛笑》"不乃羹"条载："牛羊肠脏略摆洗，羹以飨客，臭不可近。食之既则大喜。"我曾有意对着苦肠汁闻嗅，只有一点淡淡的苦味，没有"不可近"那样夸张。

云南傣族仍在食用的牛撒撇，我只尝试过四种，它们风格各异。其中，最有名的是德宏蘸米线吃的苦撒。

《有一个美丽的地方》唱的就是德宏傣族的风情，而不是西双版纳的，两地都是傣族人的美丽世界，但分属不同的支系，风俗习惯也有所不同。其实云南的很多民族都有不同的支系，从穿着和生活习俗来说，有些会让人以为是不同的民族，比如彝族，小凉山彝族与石林的撒尼人区别很大，与石屏的花腰彝也大不相同。新中国成立之初云南民族识别，有300多个民族申报。

德宏傣族有很多风味食品，但最具风味的就是"撒撇"。德宏的撒有很多种，有苦撒、鱼撒、撒大卤、柠檬撒、茄子撒等，但这里特指牛撒撇，也就是当地人说的苦撒。苦撒也分两种，一种是熟撒，一种是生撒。熟撒，就是在牛苦肠汁中加入剁碎炒熟的牛肉，"熟"字指的是牛肉。生撒，就是将生牛肉加各种调料剁细加入牛苦肠汁中的吃法。最正宗的吃法当然是生苦撒。想一想吧，半碗牛苦肠汁，里面加入剁细的生牛肉，再加上各种酸辣调料，还有韭菜末，搅一搅，作为蘸水。将洁白而纤细的米线在其中蘸一下，然后享用。这种米线是凉的，不用热水过；而且细，比汉族的米线筋骨好。再加上一点切片的牛肝、牛肚。凉，苦，回味，清爽，还有辣味。多种味道存在却又相互独立，舒服的感觉，哪一样食品具有这样的风情？

临沧傣族的牛撒撇是作菜的。临沧，多民族聚居的地方，很大的一片土地，有八个县区，外地人多不了解，但这里的傣族、佤族都有自己独特的风情。我曾多次前往，最近一次是 2014 年初，在临沧市区的一家餐馆里享用了当地风味的撒撇。我进去时，他们正在往一盆汤状物里撒花椒、煳辣椒粉、切细的小米辣、大蒜什么的，搅拌。我以为是蘸水呢。然后，他们又将一些切细的肉类加入汤里。我问他们在做什么，说是撒撇，加进去的肉分别是牛肚、牛肉、牛肠、牛肝、牛脾等，都是用水煮熟的。另有一盆切细的韭菜。这时我明白了，进来时那一盆看上去有点奇怪的汤，原来就是牛苦肠汁。我吃了一点，苦味隐约，麻辣味较重，还有回味的甘。我以为还要蘸米线吃，没想到他们说就这样作菜了。我说德宏不是这样做的，他们说没去过德宏，不知当地怎么做。后来还了解到，他们的苦汤里还加入刺五加叶的汁，还加上肉汁。

才隔着一座山，同样是撒撇，吃法差别就很大。想必德宏人也不知道临沧的撒撇是这样吃的。但总体来说，牛肠汁的苦是为关键。小店的生意很好。我走时，已开很多桌，无一例外，都点有撒撇这一道菜。

孟连傣族的牛撒撇是切成块的。孟连常去，因为我喜欢那个地方浓郁的民族风情。孟连的民族食品也独具特色，比如凉菜摊，数十种凉拌菜大多来自森林和河流，比如凉拌酸笋、凉拌青苔，都很具地方特点。

有一次，我见到一种泥状物，尝了一下，清苦味还有些肉香，我的第一反应是它怎么与德宏的撒撇有些相近啊。一问，果然就叫撒撇。可这从形状上来说，区别也太大了。这一种撒撇也是用牛苦肠汁加入煮熟的牛肚、牛肝等牛内脏做成的，当然这都是切成小片，然后加入各种料用火煮成这种固体状。享用时，用筷子挑出来就吃，作小菜，也可作为调料。更具体的做法，因为语言的关系，没能了解更详细。他日得找机会去体验一下做的过程。

景谷傣族的牛撒撇也是一道菜。景谷是普洱市下辖的一个傣族县，隐在无量山间，这里是森林的世界。当地傣族与西双版纳的傣族风俗也不尽相同，食物也有自己的特点。以牛撒撇这一道菜来说，它们是将牛苦肠汁加入调料作为蘸水的，吃的不是米线和蔬菜，而是煮熟的牛肚牛杂等，将这些切成片的食物在牛苦肠汁里蘸一下享用，或者直接拌在里面享用。

以上撒撇在过去都是难得的美味，即使是傣族也并不容易吃上，需要寨子里杀牛才有机会享用；杀牛，那可是大事。现在不一样了，每天市场都需要牛肉，每天都有苦肠汁在市场上供应，所以现在吃牛撒撇的条件比过去好多了，也方便多了。也许正因为如此，傣族人在日常的饮食中才越来越"依赖"撒撇了。

享用牛苦肠汁这一习俗，不仅是云南傣族还有保存，其他地方也有保存。黔东南就有牛瘪和羊瘪，广西侗族也有牛瘪，我怀疑"瘪"字与云南傣族的"撒撇"的"撇"字是一个意思。他们在牛羊宰杀后，取胃及小肠里未完全消化的食物，挤出液体，加入牛胆汁，加入各种调料，比如花椒、生姜、陈皮、香草等，在锅内煮沸，文火慢熬，将液体表面的泡沫及杂质除掉，过滤回锅，加入食盐、葱蒜、辣椒即成。享用时，可以将牛肉放入其中一起煮食，也可以将"牛瘪"作味碟，用煮熟的牛肉蘸着吃。吃的方式与云南傣族的方式相差不大。

漆油鸡

怒江，是江名也是州名，它的上游叫那曲河，发源于青藏高原唐古拉山南麓。它入云南叫怒江，流经怒江傈僳族自治州、保山市和德宏傣族景颇族自治州，入缅甸后称萨尔温江，最后注入印度洋的安达曼海。怒江州，州以江名，生活着傈僳族、怒族、独龙族、白族，还有部分藏族，古老而神秘的土地。

怒江因为交通闭塞，一直保持着古老而原始的生活习俗。1960 年代，始有公路通到怒江州府六库镇，此后，沿着怒江，逐渐有公路修成，车子可以进去了，怒江边的马帮也渐行渐远。

每次进怒江，坐在车上都不敢看窗外滚滚的怒江水，因为窗外就是悬崖。秋冬季节还好，枯水，流水小呈青绿色，很美丽的颜色，天然而纯粹。夏天就不一样了，浑浊的洪流，客车就像一个移动的小匣子。

少为人知的怒江饮食，漆油鸡当是其一。它在怒江地区其实很普遍，只因地理偏远而成为了"稀奇"的食物。饮食总有一个以热闹为中心的考量，比如说到云南的味道，跑到昆明吃几碗米线，吃几片饵块，吃几片火腿，那就是云南味道了。其实完全不是这样的，昆明人也只敢说昆明的米线、昆明的火腿，而不敢说昆明人的日常食品就能代表云南的食品。

云南民间关于鸡的吃法很多，除了汽锅鸡等少数几种外，大多讲究的不是功夫与技艺，而是一种"味道"，从它们的名称就可以明了它们的味道。比如滇东曲靖的辣子鸡，文山壮族的酸汤鸡，西双版纳傣族的酸笋鸡，景颇族的柠檬鸡，以及彝族的洋芋焖鸡、保山的棕苞鸡、白族的木瓜鸡等等，这些鸡的做法，看似江湖风格，偏门功夫，其实不是，它们在当地的菜式中是正式的大菜，属于正统功夫，不是剑走偏锋。每一种在味觉上都层次丰富，口感丰富，回味也丰富。我们理解上有误区，主要还是我们的立场决定的，我们该换一下角度，变成当地人去享用当地的食物，而不是以猎奇的心态，那才能见其本味。

漆油鸡是怒江地区人们的当家大菜，主要的特点就体现在漆油上。油脂的芳香一直是人类追求的味觉天堂，或者说，油脂能给我们的味觉带来天堂般的感受。从远古烧烤时代发现动物油脂开始，直至鱼油、植物油等多种食用油脂的发现，都是上下求索的结果，这个过程也为奇妙而诗意的人类饮食史添上了浓彩的一笔。怒江人对漆油的运用就是这种追求的结果之一。

漆油，漆树种子榨制的油。每到秋冬季节，怒江两岸的漆树种子成熟了，它们一团团地挂在枝头。每一粒种子都呈圆形，灰绿色，很普通的样子。怒江人将它们细心地采下来，挑选干净，舂去壳，炒熟，然后用一种独特的竹篓装起来，迅速送到用石块、木板和树杆简单制成的榨油装置下，利用杠杆原理，人工榨出油来。然后用各种盛器接住，等它们凉下来，就会凝结成固体，看上去就像蜂蜡，当地人也称其为漆蜡。

十多年来，我三次进入怒江地区，每次都邂逅这些块状的漆油。在"美食"这个人为化的名词出现之前，我在云南游荡，吃到当地有趣的食品时会掏出相机照个相，当地人也不在意。但近几年不方便了，一掏出相机，就有人围过来看稀奇，并友好地问："记者您是哪里来的？中央台的还是云南台的？"通常还会加一句"我们这里好吃的多了"，或者是"这有什么好拍摄的啊"。刚拍摄了一张，抬头一看，不少人掏出手机对着我拍照，要么也对着自己的碗里拍照，主人家还会说一句："给我们好好在网上宣传宣传。"真让人不知如何是好了。

漆油就那样随意地摆在街子天的小摊上出售，很便宜，十多元一斤，现在贵了一些，但只是随着当地物价的平均上涨，并没有因为外地人的参与而涨价。事实上，漆油的食用也仍只是在怒江地区，出了怒江，会食用的人不多。虽说它们像蜂蜡，但蜂蜡多呈黄色，而漆油则带一些青绿色，品相更好的呈灰黑色。因为方便携带，我在湛江也可以享用怒江的漆油鸡。

漆油炖鸡的做法简单直接。当地人先将铁锅在火塘上烧热，敲一块漆油入锅，敲的多少自己把握，一般一只鸡用鸡蛋大小的一块就可以了，如果想口味更浓重一点，再加一些也可以。漆油脆，敲起来感觉不错，入锅，受热熔化，冒出一缕缕青烟，青烟里溢出漆油独特的香味。然后加入干辣椒段、姜片等煸炒，散出更浓烈的香味，再将准备好的鸡块倒入里面，炒拌几下，盖上锅盖，焖三五分钟，鸡块微微发黄，浓烈的芳香进入其中，然后加开水炖熟就可以了。当地人做这款鸡有时也不焖，而是一直炒，直到有微微的焦黄才加水炖。炖的时间自己把握，我通常二十多分钟就食用，但当地人会炖两个小时，味更特别。当地人还做"侠辣"，也是漆油鸡，不过不加水，加的全是米酒，量还不少。吃到嘴里的漆油鸡，味道较为浓烈，但纯朴，且散发着异香。

漆油炖鸡是当地人的美食，但并不是随时都能享用的。一是女子生小孩坐月子的时候，漆油加酒炖鸡可催乳，这是当地人的秘方。二是重要的节日或者有客人来的时候，来一锅漆油炖鸡也是重要的大菜。

漆油炖鸡味虽好，但有的人对漆油过敏，只好克制自己的食欲了。

漆油鸡可致远，因为漆油可致远。很多有名的食物离开当地的环境做出来就不是那个味了，有的饭店通常标示其原材料从某地"空运"来的，即使这样，感觉与原地也会有差别。我想主要有几点，一是心理上的感觉，没有了本地的环境；二是食物本身因为风土的关系也做不出那个味来；三者，有的人味觉本身已经变了。但漆油鸡却不存在这样的问题，因为漆油的味道就是怒江的，中国还有一些地方食用漆油，但会越来越少，它个性强，而且是主角，并不因为风土什么的就夺走或者改变它的个性。我在外地做漆油鸡，也是那个味。不过，保存漆油还需注意，怒江地区气候干爽，漆油一直都是爽脆的，但到湿热地区，它的表面会黏一些，需放冰箱保存为好。

其实，在云南吃鸡，并不是为外界称道的汽锅鸡才是正宗，才是云南味。漆油鸡也是正宗，也是云南味，其他鸡的吃法也很正宗，也是云南味。但它们的风格是完全不一样的，这正表示了云南饮食的多样性。汽锅鸡因为口味相对清和，不强调辣或者酸，被追求"时尚"的人们推到了前台，流动于更多人的舌尖。其实"时尚"往往是一种相互之间牺牲个性的调和，云南民间菜被越来越多的人调和或者说越来越"时尚"，不知算有幸还是不幸。

蚂 蚱

蚂蚱就是蝗虫。秋天，蚂蚱在稻田里嗒嗒嗒地振着翅膀，笨拙地撞来撞去。在我的老家，蚂蚱并不像电影里的蝗灾那样令人恐怖，我们能见到的最多的蚂蚱就是暴雨来临之前，它们在草丛和稻丛里蹦来蹦去，好像大难临头一样不安。其实，看着那气势逼人的黑云直压过来，带着风，带着雨，我们也感到颇为不安，更不用说小小的蚂蚱了。

蚂蚱很小时只有草叶尖那么大，草绿色，有人经过草丛时它们才蹦起来。秋天的蚂蚱身形硕大，比手指还大，颜色也变成了黄色，适应秋天的调子。它们在稻田里不时蹦跶，有雀鸟们飞来，被啄去变成了美食。我们在稻田里收稻子，休息或者快收工时，四处去捕捉它们，用草拴了，长长的一串或几串，拿回家去，用一根线拴住它锯齿状的脚，让它们四处跳。有时几个小朋友还聚在一起斗蚂蚱，有的善斗，有的却达不到我们的期望。

秋后的蚂蚱蹦跶不了几天，这不仅是它们的生命在此季节多半自然终结，还因为在这个季节，云南民间多捕捉它们作为美食。采集食用昆虫是人类古老的传统，应当是与人类相伴而来的，《礼记·内则》有"爵鷃蜩范"，郑玄注："蜩，蝉也；范，蜂也。"远古时代，蝉和蜂就是人们的美食，蚂蚱当也是其中之一。

有关远古渔猎的论述中，少有谈及对昆虫的猎食，大概因为其过于微小了，算不上划分时代的参照物。但是，昆虫在我们的生活中是真不能被忽视的，它们曾是人类食品的重要组成部分。捕食昆虫的习俗，我们不能以现在的标准来看，而是应放在狩猎时代来看，人们采集和狩猎是为了生存，即使到现在也是如此。现在食虫的人，原因是多方面的，有环境的也有人类自身的。但在云南民间，昆虫在人们的食谱中依然扮演着重要的角色，虽然形象奇异，甚至令人感到害怕，但却富含高蛋白，营养价值很高。我在云南邂逅食用的昆虫有十几种之多，比如蚂蚱、蜂蛹、竹虫、蚂蚁等。

按云南民间的说法，蚂蚱也是肉，云南人食用蚂蚱形成了一个独立而完整的体系。在食用的地域分布上遍及整个云南省，这可不像其他食物，虽然有名却仅限于某些地方。在云南各地的山街子上，时常能见到用麻袋装着出售的蚂蚱，有的只是晒干，有的已用油炒过。另一个证明方式就是小吃店，各地小吃店都会将油炸过的蚂蚱用盘子装着，与油炸花生米之类的小食品一起摆着，属于现点现上的小菜。在红河等地，它们在小食店的地位比油炸花生米还普及。

蚂蚱捕捉多在夏秋季节。夏天清晨，水田中露水都很大，一踩进田埂上的水草里，鞋子和裤脚就湿了。小时候这个季节到田里劳动，通常都是光脚进去的，并将裤脚高高卷起来。这个季节的水田，高原独有的清润感滋润着人心，使人心境安宁平和。这时候，蚂蚱都安静地停落在草叶上，身上满是露水，捉蚂蚱的人只需用手迅速地将它们捏住，放入挎在腰间的小竹篓。

秋收时节捕捉的人更多，有的人还用网。彼时，蚂蚱因人们收割稻子而被惊动，无处藏身，四处飞动。这个季节不仅人类捕捉它们，原野上的鸟类也是欢快收获的一群。当田野中稻田越来越少时，用网兜就可以捕捉到更多的蚂蚱。

云南的哈尼族还有捉蚂蚱节。哈尼族，了不起的山地民族，他们在哀牢山上开垦的梯田直搭天空，是人类稻作文明的奇迹。他们在农历六月二十四日后的第一个属鸡日或属狗日举行捉蚂蚱节，那天，男女老幼都会到田间捕捉蚂蚱，每家都要捉一竹筒回家炸为美食。这是一个奇怪而有意思的习俗，大概是因为这个时候田野的昆虫太多，正疯狂破坏人类的庄稼；六月二十四日也是哈尼族的邻居彝族最重要的节日，火把节，而火把节最初的源起就是利用火把驱逐田野里的害虫。

现在，需大量捕捉才能保证街子上的摊点和小食店的蚂蚱供应，这样就得有一些人专门捕捉蚂蚱，成为专业人士。另一方面，人们日常捕捉到的蚂蚱也可以带到小食店出售，有的人还到乡村专门去收购蚂蚱，这也在民间形成一个小小的产业链。

烧蚂蚱，一种古老的原味。云南人最初食用蚂蚱的方式就是火烧，云南民间至今仍有这种食用习俗，但已很少了。人们在野外长时间劳动时会用到这种方法，比如修水渠、修路等。劳动之余捕捉蚂蚱，既是娱乐休闲，也可增加一点有趣味的食物。捕捉到的蚂蚱并没有大量的油来炸，有时甚至连炊具也没有，没关系，点一堆篝火还是可以的，劳动的人们围在火边聊天，一边将蚂蚱丢进火里烧，烧熟后用小棍掏出来，吹吹灰，弄盐巴蘸一下，很香，很美好的山野趣味。

油炸与油炒是云南人食用蚂蚱的主要方式。人们将捕获回来的蚂蚱去翅去脚，在油锅里炸熟或者炒熟，有时还加上辣椒和其他调料炒，然后就是美味了。有的将蚂蚱放到沸水中烫一下，晒干，长期保存。有朋友来，取一些出来，用油一炸，就是一碟下酒的小菜，就像花生米一样，不过蛋白质比花生米丰富多了，趣味也比花生米独特多了。

腌蚂蚱是墨江等地方的特色食品：剪去蚂蚱的翅膀和脚肢，除去内脏，用水淘洗晾干，入锅中文火炒黄，起锅，冷却，拌入盐、姜、白酒等各种配料，装入罐中，腌，十天半月后即可食用。成品味道酸香可口，是当地招待客人、馈赠亲友的地方特色菜。

巍山有酱蚂蚱。十多年前我在大理的某个街子上第一次见到，装在一只红色的塑料桶里出售，有个纸牌写着名称，当时只看了看，没有品尝的意识。现在可以不时品尝，香，很香，昆虫蛋白的香，还有点辣，有点花椒的麻味。别的地方算是吃不到了。

蚂蚱酒也很好。云南民间泡酒的种类很多，似乎什么都可以泡酒，昆虫类的蚂蚁酒、蚂蚱酒、黄蜂酒较为有名。蚂蚱酒就是用蚂蚱与烧酒泡制而成的。蚂蚱最好是活蚂蚱，也有的用晒干的蚂蚱。烧酒是苞谷酒，也就是玉米酒，通常在六十度以上，一口入喉，火烧的感觉经过食管入胃，一般人受不了。不过，泡制成熟的酒呈暗红色，烧酒的火气也降了许多。民间用蚂蚱泡酒活血治病，疗效不错。小吃店也总有一个角落摆着几罐泡酒，蚂蚱酒是为其一。有人入店，十元一杯，约二两的样子，喝起来感觉也不错。

蚂蚱是一种有营养的食物，最初食用它是因为生存的需求，后来形成了传统。现今人们食用蚂蚱也并不影响环境生态和他人的生活，抛开猎奇的心理，像云南人一样，有蚂蚱下酒不错，没有也不刻意去追寻标榜，吃点别的也可以。这才是对的。

烂　饭

　　稻作文化带来的田园意识和安宁感，也荡漾在云南的土地上。稻作需要的精细耕作，将我们维系于平和、安宁的桩上，构建了我们中国人的基本性格。由稻而米，然后煮饭，继续影响和构建我们的审美以及文化。

　　煮饭，米饭加水在炊具中煮成，因为水与米多少的关系，形成三种不同的成品：一是粥，云南人称为稀饭；二是干饭，云南人称为焖饭或者沥锅饭；三是烂饭，介于稀饭与干饭之间。

　　煮粥很好把握，只需加入大量的水。云南人称粥为稀饭，认为稀饭并不"禁饿"，于是餐桌上少有稀饭出现，山路遥远，劳作辛苦，需要大量的能量，稀饭一会儿就饿了，解决不了实际的问题。云南人吃稀饭，只有病人及婴儿，而且云南人的稀饭强调的还是"饭"，稀饭是熬出来的，或者说长时间炖出来的，米和水是没有分界的。

　　在对米与水的关系进一步探索过程中，出现了烂饭，最后才慢慢掌握米饭的做法。用炊具直接做米饭，真是一个需要学习的过程，不然煮出来的饭并不适合口感和味觉的需要，也没有带来享用的愉悦感。正是因为这个方式的不好掌握，所以中国古人很早就发明了蒸饭这种方式。人们将米泡开，或者将米煮成几成熟，滤去水然后蒸，这样就保证了米饭的成功率，使煮饭变成了蒸饭，而且做法越来越精细化，米饭的审美趣味被多层次开发出来。云南现在流行的蒸饭据说是明朝时从四川传入，但没能见到具体明确的文献记录和证据。在电饭煲流行的今天，煮饭变成了一个更为简单的过程，而传统的蒸饭方式因为耗时耗工，也渐渐淡出了人们的生活。另外，在现代人的餐桌上，粥与米饭得以很好地保存下来，而烂饭，因为形似泥头，口感黏糊调和，风格不清爽而被人们放弃。

好在，传统的用甑子蒸饭以及更为古老的烂饭仍在云南完好地保存，并得到了创造性的发展，尤其是烂饭，在云南民间，它不仅没有消失，而且正走在一条探索的路上。

烂饭在古代是很有市场的。唐代韩愈《赠刘师服》诗中云："羡君齿牙牢且洁，大肉硬饼如刀截。我今呀豁落者多，所存十馀皆兀臲。匙抄烂饭稳送之，合口软嚼如牛呞。"说自己的牙齿不行了，不是用筷子吃米饭，而是用"匙抄烂饭"了。宋代陆游《初归杂咏》亦云："齿豁头童尽耐嘲，即今烂饭用匙抄。朱门漫设千杯酒，青壁宁无一把茅？"陆游也是被牙病折腾得很难受的诗人，吃烂饭也就是常事了。可见，古人吃烂饭，多是在牙口不好的情形下不得已而为之。

云南却不是这样的。我小时候家里就常做烂饭，彼时，吃烂饭的情形有两种，一种是田地里劳动重的时候，全家人都出去劳动，没空做日常食用的蒸饭，烂饭是为权宜之便。劳动回家，将随手从菜园里摘回来的南瓜、豆角、青菜什么的，洗一下，切开，放入铁锅用油滚一下，加入盐和水，还加一些米，少量的米，煮个十多分钟就可以了。煮好了，吃几碗，继续劳动，省了不少时间，确实是实用方便。另一种情形，是在有空的时候，想吃点不一样的食物了，于是家庭主妇们就会想起做烂饭。这个时候做烂饭就会细心一些，但也只是蔬菜加米做成。这样看来，云南民间的烂饭实际上就是把米和各种菜放在一起煮，既是饭，也是菜，菜饭合一，而且烹煮不需要太多的工具，所以被各族人民保存下来了。

烂饭煮不好就是"泥头饭"，意谓像泥巴一样的饭，口感不好，也不好消化。云南人的烂饭加入了很多菜，米量控制得较好，所以吃起来并没有"泥头"的感觉，相反，却有一点别样的清爽感。

我们生活的地方，茴香烂饭是比较受重视的。每家的菜园子都会有一小片茴香，它们细密的枝叶在夏天看上去很诗意，尤其是有露水的清晨，缀满枝叶间的小露珠闪着生命的美妙。茴香在民间有顺气之说，味道也特别芳香。很多地方种茴香是为了采籽作为香料，云南民间除了采籽还吃它的苗与叶，茴香叶焖臭豆腐、茴香煮土豆都是好味道。想吃茴香烂饭了，采一把叶回来，切碎，加一点土豆块，加水加米煮出的烂饭就是茴香烂饭，有不一样的茴香味。

吃烂饭流行于云南很多地方和民族之间，不过并没有被提升为专门的"菜式"。近几年来，佤族的鸡肉烂饭从民间走出来，从佤山走出来，与更多外省人分享。其通常的做法是，将小公鸡杀了，在火上将毛烧光，而不是烫，这样鸡肉上还有点火烧的香味；然后除去内脏，切块，入冷水煮；煮沸后加入米，还要加酸笋、姜丝、辣椒、木浆子等等，似乎能找到的香料都要放一点，边煮边搅，最后就成了鸡肉烂饭。最近一次在临沧吃佤族鸡肉烂饭是2014年初，虽说是冬季，但这里阳光明媚，一片锦绣。这次享用的鸡肉烂饭是经过改良的，鸡肉不带骨头，而且煮成绒状，加入的调料也经过挑选，没有那么杂，口感细腻丰富，有特殊的香味，做成后还加了芫荽，芫荽味也更重一些。

　　与佤族杂居的拉祜族也做鸡肉烂饭，做法大同小异。不过，他们原生态的烂饭是如何做的呢？读大学时，我的下铺老宋就来自佤山。当时的佤族地区极为贫困，很多人没有衣服穿，见到外地人就跑。很多人家最重要的铁器就是一把砍刀，连锅都没有。当地人的饮食主要就是烂饭，保持着原始的做饭方式。他们做烂饭大都用大竹筒，竹子很粗，佤

族人背水就用竹筒，腌制、贮物都是用竹筒。现砍一截竹筒来，将弄到的一点米加进去，加水，将采集回来的野菜也加进去。当地山林好，野菜有无数种，一年四季都有，市集上也有出售。我六七次独自进入佤山，当地的生态虽然跟其他地区一样被破坏，但毕竟还算很好的。除了野菜，他们还将捕获的野物比如竹鼠、野鸡、蛙类等加入其中一起煮；当地香料也多，各种现采回来的香料也加进去。然后用芭蕉叶封住口，架在火塘上煮。所谓"煮"，其实应当叫烧烤。主客在火塘边聊天时饭香就扑鼻了。烂饭熟了，用竹节碗或者木碗分享，原始的味道。

现在，佤族民间的烂饭也多是这种情形。佤族烂饭，某种程度上为我们保存着古老的饮食方式。

烂饭，原是一种调和、含糊的人生状态，云南人却让它清爽。

竹筒饭

关于竹筒饭，我们的理解应当更宽泛一些——它是云南民间的一种烹饪方式，而不仅是一种用竹筒做出来的米饭。

由于经济的原因，过去的云南人并不是每一家都有铁制的炊具，尤其是生活在原始森林中的各民族，获得铁器和盐巴的主要方式就是通过猎获物与偶尔进入的商贩交换，盐巴和铁器因为珍贵，也一度在民间作为货币使用，直到1960年代，云南的一些山区也是如此。既然没有铁器，就得利用自然的馈赠，还好，大自然对于云南人是慷慨的，它给云南各民族提供了各式各样的天然炊具，比如芭蕉叶，比如竹筒，比如用泥土做成的陶器。这些炊具直到现在仍在广泛使用，在民间已经形成了传统。

利用竹筒烹饪，对当代人来说，具有既原始又时尚的趣味。说它原始，是因为它确实是古老的对自然物的直接利用。说它时尚，是因为它的原生态属性正被更多的人所喜爱和提倡，装点着现代的饮食需求。而云南的竹筒烹饪，是一种由内而生的原生态。

先看看云南民间用竹筒制作的主食。

很多年前，乘车经过澜沧江边的糯扎渡，车子在路边停下等客人，其间十来个傣族妇女来到车前推销食品，她们的食品主要就是竹筒饭和煮熟的鸡蛋。这种场景在滇南还真少见，当地人并不善于争先恐后地推销食品，而总是在车站安静地坐着，等待客人自行购买。很多人都买了慢慢吃，我也买了一支。那是我第一次吃竹筒饭吧。

竹筒饭主要流行于滇南的傣族、哈尼族、拉祜族、布朗族、景颇族、基诺族等民族中，但各地各民族的做法也有区别。西双版纳傣族的竹筒饭更为大多数人所认知。我在西双版纳的很多小镇和村寨住过。因为拍摄热带雨林及昆虫，在勐仑住的时间较长。这是一个依偎在澜沧江边的安宁傣族小镇，当地人的渔猎习俗和生活习惯仍很好地保存着。每天清晨进入雨林之前，我的早餐要么是豆粉米线，要么是竹筒饭，有时也带竹筒饭作午餐。这里的竹筒饭是用一种叫香竹的竹子做的，这种竹子节很长，烧熟后很柔软，很容易剥开，是当地生长的十多种竹子中"自然选择"出来的。

在橄榄坝，我见到了傣族妇女做竹筒饭的过程。我投宿人家的女主人，每天清晨都要做竹筒饭，她把泡好的米装入新鲜香竹筒里，加点水，用芭蕉叶把筒口塞紧，做好一批后，放在火上慢慢烧烤，再做另一批。竹筒表层烧焦了，饭也就熟了，捶打竹筒的外壁，竹筒内壁的竹膜便贴在饭上，用刀剖开，竹的内膜与饭连在一起，呈桶状，很有型。

用香竹做成的竹筒饭有竹子与米饭的共同清香，说不出来的一种滋味，多吃几次会上瘾，老想着它的香味。想一下吧，吃这种竹筒饭只是饭，是没有菜的，米饭的味道在这个时候才被真正品味到。

在孟连等地，民间更流行吃一种用竹筒与糯米做成的食品。傣族妇女用糯米磨浆，晒干成粉状。吃时加水和，加入红糖，和成暗红色，灌入香竹筒，用芭蕉叶折起来将口堵住，放在火上烧熟。吃法和竹筒饭一样，用刀剖开，竹膜包着的美食就出来了。这种食品呈胶状，甜而糯，吃起来有种强烈的幸福感。有的人家也将它拿到集市上出售，两块钱或者四块钱一条，主要是看大小。有的摊点用一种古老的天平称售，一边放竹筒食品，一边用一号电池作为秤砣，一个电池对应的重量是一块钱，挺有意思的称量方式。我在当地就喜欢这种小吃，一是手握着方便，二是甜而糯味道好，三者，手中握着一根这样的食物且不时咬一口嚼着，与当地人交流就方便多了——尽管我并不懂当地的语言。

哈尼族和壮族喜欢用大龙竹做竹筒饭。龙竹大，当地房前屋后生长多，所以是一种很方便的炊具。但龙竹壁厚，而且内膜薄，会碎开，做出来的饭需要用芭蕉叶来包住食用。当然，这也是具有清香味的美食。哈尼族主要做粳米饭，壮族多做糯米饭。山区哈尼族还喜欢做红米饭，也就是糙米饭，需要慢慢嚼，但营养更丰富。

在德宏，我吃过景颇族的竹筒饭。他们做竹筒饭喜欢加盐和其他香料，做出来的饭不是米饭的原味，而是具有强烈的香料味，其次才是米饭的清香和竹子的清香，三者构成一种口感独特的综合味。饭熟了，剖开竹子用芭蕉叶包着享用，很具景颇族情调。

佤族人喜欢用竹筒煮烂饭。鸡斩块，与大米一起，加入各种调料，装在大竹筒里，架在火塘里煮，煮出来的烂饭味道鲜美且具浓香。

用竹筒做菜的方式也很普遍。

哈尼族做的竹筒鸡很有名。鸡杀了，斩成小块，加入香草等配料，一起塞入竹筒中，然后靠在火塘边的三脚架上慢慢煮，同时，三脚架上还可以用锅烹饪其他菜式。主客围在火塘边，一边聊天喝茶一边等着菜熟。竹筒鸡熟了，用盆子倒出来，有一种很浓烈的香味。

竹筒也可以煮鱼，煮素菜，煮青苔汤等等。用竹筒做菜，方法都很简单，主要就是烧煮有汤的菜。云南民间之所以流行这样的做法，一是因为取竹方便，有大量的竹子，竹子用过之后还可作柴烧；二是竹子经火烧烤，清香味绽放出来，与各种菜的味道结合，使人迷恋。

凉米线

　　说起米线，人们都将视线投到过桥米线那儿去了，凉米线似乎不足提起。但是，云南人谁能说没吃过凉米线？谁能说不喜欢凉米线？

　　没有。我敢肯定地回答。

　　米线起源古老。北朝贾思勰《齐民要术》"饼法第八十二"引《食次》曰："粲（一名'乱积'）：用秫稻米，绢罗之。蜜和水，水蜜中半，以和米屑。厚薄令竹杓中下——先试，不下，更与水蜜。作竹杓：容一升许，其下节，概作孔。竹杓中，下沥五升铛里，膏脂煮之。熟，三分之一铛中也。"从这个记录来看，早期的米线叫"粲"、"乱积"。做法是用糯米磨成粉，用蜜和水调米粉，调到能够从底部钻了许多孔的竹勺漏出为好；米浆从孔中漏出为细线，进入油锅中炸熟。可见，当时吃的"米线"是油炸食品。

　　这种古老的米线制作方式我在云南没见到过，却在广西见识过。广

119

西南宁的很多小巷子里都有一种小吃店，店里只出售一种小吃——生榨粉。小店将米磨成浆，滤干水分，用布包起来发酵两三天，也因此，生榨粉有点奇妙的酸味。另外，还要将一些米煮成烂饭，用石臼捣成糊状，再和发酵的米粉团揉拌到一起。顾客进小店，随吃随榨：将米粉团放入一个钻有很多小孔的铁罐中，用杠杆原理使劲挤压罐中的粉团，粉团从小孔中挤出，呈一条条的"米线"；下面承着一口烧着开水的锅，米线入水，一会儿就熟了，捞起来盛入碗内，加上调料就是生榨米粉了。做法与古代的"粲"如出一辙，只是最终吃法不是油炸，而是水煮。

在云南，米线通常作为早餐，在蒙自等地也作为正餐。云南米线的吃法分为热吃和凉吃两类。热吃的方式很多，烫米线、小锅米线、过桥米线都是热吃。凉米线吃法也很多，且各地风味不一样。

什锦凉米线是通行的吃法。所谓"什锦"，意谓杂拌，调料多的意思。实际上它就是最为普通的凉米线，在昆明、玉溪、曲靖、红河等地的数十个县最为流行。做法很简单，抓一把凉米线，不用烫过，放入碗中，再抓一点焯过的豆芽、韭菜盖在上面，然后配上调料。调料太多，一般都有十来种，通常有油辣子，也就是外地人的油泼辣子，它又香又辣，这是必不可少的。酱油有两种，一种是咸酱油，普通的酱油；一种是甜酱油，云南的特产，摊主问顾客吃甜的还是咸的，指的是加甜酱油还是咸酱油。麻油不是指芝麻油，而是花椒油，很麻的口味，只能滴一两滴。醋，有的人喜欢，有的人不喜欢。腌菜，酸味，开胃，各小吃摊的酸菜不一样，但通常是腌青菜酸菜。其他更多的调料就不说了。这些配料可调制出酸、辣、麻、甜各种风味。然后，顾客就来自己拌米线。这样拌出来的米线各种口味都有，口感滑而爽，吃起来哧溜哧溜响，很爽快，云南人管吃米线叫"喝米线"，大概就是这种感觉。

什锦凉米线寻常人家可自拌来吃。外出游玩和劳动，时间长，不方便备午饭，那就带一袋米线，自己配好料，在田间地头自己拌来吃，更具原野风味。朋友相约到野外郊游，带着米线去拌着吃，非常快乐的事。即使在家里，想吃凉米线了，或者有亲戚朋友来聚会了，为了免去做饭的麻烦，买一些米线回来凉拌，也可以吃得很开心。我每次回老家，住在县城的妹妹都会带着一袋凉米线回来，一家人拌着吃，感觉很好。

各地人的口味不同，凉米线也有自己的风格。昆明凉米线的特点，要么酸，要么甜。酸是加了酸汤和酸腌菜，在夏天吃很开胃。甜味是因为将红糖切碎加在里面，同时也加酸菜和油辣子，吃起来先是酸辣，再是甜味，昆明人很喜欢。

昆明人喜欢的豆花米线也是凉米线。昆明人将米线分为酸浆和干浆，所谓酸浆就是用发酵过的米浆做成的米线，其他地方吃的基本都是干浆米线。豆花米线便宜，多年前在昆明读书时我经常吃。一碗酸浆米线，上面盖一勺豆花，再加上调料就行了。最近我在篆塘市场里闲逛，几个卖凉米线的小店都排着长队，大家点的都是豆花米线。

玉溪人的凉米线又辣又甜。一月份，我在一条老街上见到几家热闹的米线店，专门出售凉米线。别以为冬天很冷，就不适合吃凉米线，这里的凉米线一年四季都吃。我吃的这份凉米线里加了豌豆粉，这也是云南民间吃凉米线常见的方式，一份米线里有多种风味，一举多得。这种味道，也许是加了太多的甜酱油，也许它的卤水（加卤水也是吃凉米线的一种方式）就是甜的，吃起来又甜又辣，奇怪而迷人的味道。

建水凉米线常作正餐。烧豆腐和凉米线是建水的小吃摊和小吃店主要经营的两种美味。建水人用的米线是细的，干浆米线，口感硬朗，也很爽滑。而且，建水的凉米线在辣味上功夫足。我很多次在建水吃烧豆腐，每次都会像当地人一样来碗凉米线，这就是美好的一餐了，很满足的生活。

西双版纳、普洱等地的凉米线与米干一起拌。米干，就是用米磨成浆，铺铁皮盘里蒸熟、切成细条的洁白食品，做法和广东的河粉类似。这种做法在广东、广西、海南和云南都有，只是名称不一样。小吃摊上，米线和米干各用一个竹筲箕装着，吃米线和米干都可以，通常的吃法是米线和米干各一半。当地傣族、拉祜族、布朗族、佤族、哈尼族吃凉米线的口味差不多，但经营者多是傣族，所以应该算是傣味小吃。就调料来说，这里就更多了，总的味道是酸辣，辣味很直接，不像汉族地区凉米线的辣味带油香味或煳香味，拐了好几个弯。

阿昌族的过手米线也是凉米线。阿昌族生活在德宏地区，不仅善于打制户撒刀，还善于制作各种米线。户撒米线是用当地出产的旱谷米和软米加工而成的。用旱谷加工的米线略呈红色，味道清香爽口，常做凉米线，同火烧猪肉一起食用。用软米加工制作的米线洁白，黏性好，有弹性，适于煮小锅鸡肉丝米线或泡肉米线，还可以晒成携带方便的干米线。阿昌族会将干米线在火上烧着吃，有时也油炸吃，很有意思的吃法。

过手米线在日常家居生活中并不方便制作，但在赶集的日子里，小食摊上到处都是。在云南，很多人赶集，除了热闹和玩乐，也多为了品尝一碗各地自有的米线，户撒地区也不例外。他们的这种美味小吃，主要配料是新鲜火烧猪肉，剁碎，再加上碎花生米、猪肝、猪脑、粉肠以及各种调料，最后拌米线来吃，味道相当特别。

过手米线由户撒而德宏，领地正在扩大。芒市有一家过手米线店很出名，就开在勐焕宾馆的后面，我 2010 年去时 15 块钱一套，抬上来，满满的一筲箕，主料是当地的红米线。配料就多了，有火烧肉一碗，炖干萝卜条一碗，高汤一土罐，炖豆腐一份，鱼腥草、莴笋丝各一碟，还有辣椒配料若干，以及可自取的调料。米线可自加，一元一份。这么大的动作也把我吓一跳，够一家人吃了。高兴，也为当地人的实在触动。写到这里，我又想它了。

烧饵块

　　小时候冬天要上山劳动，主要是搂松毛或者砍柴，备一年的柴火，有时也采松子作为食物。山上劳动时间长，要带吃的去，饵块就是重要的选择。劳动之余，找一块空阔的地方，捡来干柴烧饵块吃，山林寂寥，山风呼呼起伏，山茶花不时隐现。遥远的回忆。

　　饵块在云南的较早记录出现在明代陈文《景泰云南图经志书》中，内有"阿迷州"篇"怛饵致馈"条："州中土人，凡遇时节往来，以白粳米炊为软饭，杵之为饼，折而捻之，若半月然，盛以瓦盘，致馈亲厚，以为礼之至重。"

　　阿迷州，现红河州的部分地区。其实，在云南红河、曲靖、昭通、昆明、楚雄、大理等地区，各族人都食用饵块。从这个记录来看，明代至今没有什么改变。

　　"州中土人，凡遇时节往来，以白粳米炊为软饭，杵之为饼，折而捻之,若半月然",二十多年前,这个景象还在云南民间存在。滇东农村的每一个村寨在春节前都要舂饵块,不管是在生产队时还是承包到户时,那是一个盛大而隆重的活动,没有因社会或者经济形态的改变而改变。

彼时,十冬腊月,空旷的原野上响起沉闷的咚咚声,那就是磕饵块了。饵块在我们当地有一个很土的名字——碓嘴粑粑。因为它是用碓舂出来的。碓房在村中某个晒场边,原先用来加工大米。一些更偏远的村庄仍用它们舂米,每天清晨都能听到它们美妙的声音,咚咚咚地响在村庄里,山谷里,让人感受到生活的无限向上。

碓声一响,全村就热闹起来了。大家自发地集中起来,每家派一人来参加这场重大的活动;现在多被村中的几家人承包做。人们在碓房边的空地上打几个土灶,将大铁锅抬出来,架在上面,将几个人才能搬动的大甑子洗刷干净,将大锑盆都借出来。这些工具准备好了,按先来后到排队,每家要磕多少米的粑粑,量好,用水泡起来。大家的米都泡在一起,只有粗略顺序,好大一片泡米的盆子了,很有气势。

米泡软,火架好,就装甑蒸。有人专门掌握火候,不时用筷子弄几粒米在嘴里尝一尝,一声"可以了"之后,就有另一拨人过来,把米饭用筲箕或大簸箕倒出来,弄散,一部分一部分地放到碓里,然后一些年轻的姑娘小伙就抢着踩碓去。踩碓一般是两人,利用身体的重量,用脚踩碓,一上一下地磕起来,或者说舂起来。舂时一定要讲究节奏。碓嘴是埋在地下的,用大石头整体凿成的锅状的坑。这时就要有人在边上照看着,把粘在木碓上的米团扒下来。磕好了,就及时拿到早已摆开的几张桌子上,有人专门揉粑粑。

热闹的现场也是重要的社交场所。大人小孩有事无事都会来到这里，老人们则自己集中到一起，靠着草堆或者墙角，晒着太阳摆古。摆古就是老年人凑在一起吹牛，内容丰富多彩。结过婚的壮年人都在忙着干活。年轻的姑娘小伙也在干活，但他们更多的心思是用在对方身上，相互之间推一下、打一下、掐一下都是可以的，而且一点都不回避大众。虽然是冬天，但到处都响着春天般的笑声。

饵块磕好，各家自取回去，用井水泡着，防止开裂；它们也泡不软，一直都是硬实的。有的人家也放在青松针里，能放很长时间，不少人家要吃到正月十五，有的甚至吃到二月里。

饵块"致馈亲厚，以为礼之至重"。春节期间送饵块，是一个很重要的礼节。定亲的男方要向女方家"送节"，主要就是几筒饵块。饵块为什么那么重要？一是有利于保存。传统农耕生活中，对食品的保存是颇费心思的，由米饭而到饵块，可以吃很长时间，确实很有意义。冬天是农闲，这个季节也是完成盖房子、结婚等人生大事的好季节，而饵块，正好就可以带到山上去烧着吃。另一个原因，饵块算是开拓了稻米的新吃法。传统的稻米是用木碓春出来的，很辛苦也较为粗糙，民间少有精米。在一些偏远的民族村寨里，女子每天天不亮就到寨子里随处布置的碓房排队春米，吃一餐饭很不容易。米粗糙，口感也不好，饵块算是深加工食品，至少口感上前进了一大步。

饵块在民间吃法很多，烧、煮、炒、卤、蒸、炸等都可以。但真正有风味的吃法还是烧烤。其实在制作饵块时，就有专门为烧制而做的小饼状饵块。饵块不能直接吃，那是很难咬动的。这种小饼并不是为了切饵丝，也不是为了切片炒，它们就是为了烧着吃。饼状饵块形式也多式多样，有的用模子压上花纹，有的做成生肖形，牛、羊、猪什么的，制作者随心所欲。

冬天寒冷，每家都会点火塘、火笼或者生炉子。除了做饭烤火之外，这里也是社交场合。闲时，烧饵块吃就是很有生活趣味的事。饵块架到火塘上，一会儿，坚硬的小饼就散出米的清香，而且慢慢膨胀起来，表面的一层开始变黄，散发出另一种香味来挑逗人的味觉。人们一边七手八脚地翻着饵块，一边聊生活，聊山外的世界。饵块烤透了，会变软，取下来，有点烫手。撕开，分成几块，大家分享，美好的生活。

堂屋外，星空无限。

荞粑粑

在云南各地的乡街子上，都能见到一种暗黄色的食品，要么呈饼状，要么呈蒸糕状；尝一下，微苦回甜，很独特的口感。它们就是荞粑粑。

粑粑，云南人对饼状面食的统称，约定俗成，几成各民族通用的词汇。云南大部分地方的主食是稻米，少部分地方的主食却不同，比如香格里拉藏族的青稞，小凉山彝族的苦荞，昭通部分地区的土豆、苞谷等。另一方面，即使在吃稻米的地方，因为各种作物都种植，所以也食用麦面、苞谷、荞之类的食品，不过通常以粑粑的形式出现。

荞，云南人称荞麦，曾是云南人重要的传统作物，然而现在已经较少接触它们了。但云南还好，荞麦一直在那儿，不管您喜欢还是不喜欢。近些年流行的"荞茶"在云南乡间也许是笑话：荞哪卖那么贵！

在小凉山彝区，荞麦因为亲民、随遇而安的属性而被广泛种植，当然，高寒山区也只适合种这类作物。但并不如此，因为荞的味道苦中回甜，云南大部分地方都种植它享用它。我小时候生活的陆良，云南最大的坝子，主产稻米，算是鱼米之乡，但是，荞仍在山地上漾漾生长。小时候种荞收荞食用荞的经历也是云南人对荞麦感情的一个缩影。

荞似乎一年四季都可种，通常撒下荞种，三个月左右就可收获。荞的收割程序与麦子差不多，都是收割然后晒，然后用连枷打下来，然后用木叉把秆挑走，然后扬，然后很粗糙地收回来，空闲时挑到水边用筛子淘，把土块和石头弄走，再晒干，收起储藏。收荞时，荞叶晒干后是黑乎乎的，荞籽的外观也是黑乎乎的，我们不能像躺在麦秆上那样去享受空余时光，去亲近就在头顶上的星空。但荞的清香，浓烈而持久，而且带有淡淡的甜味，这可是其他作物所没有的。

荞的外壳有些硬，这是出于保护种子的原因，是荞的生存策略。只是想不到，它的策略正好满足了人们对枕头的需要。荞的外皮很容易取下来，只需用石磨粗粗一滚，里面的种子就脱离荞壳，然后用簸的方式把它们分开，各取所用。荞壳填枕头——将它们装进方正的长条枕套里，将绣着花的枕顶缝上，脑袋往上一靠，感觉松软适度，并且有相互摩擦的轻微哗哗声在耳边响，像催眠曲。古代人极富创意，他们在生活的实践中无意中发现了荞壳的妙用并把它广泛推广。

炒荞面也许是一种古老的味道。将脱皮后的荞磨成面粉，然后在铁锅里面用小火慢慢炒，炒熟，散发出轻微的香味，待冷却，用盛器装起来。吃时，取一些，加开水调成糊状，加一些糖在里面，味道甜中有苦，很值得回味。这种食品在民间长时间地存在过，后来由于生活水平不断提高，慢慢从人们的饮食中淡去了。读书时，有一段时间家里给我炒了荞面，就着开水作早餐，很实在很爽口，直到现在，口中还有荞面那隐在苦味后面的淡淡清甜香味。

滇东、滇中地区，小食摊上常见用荞面做成的凉粉，即荞凉粉，在民间很受欢迎，做法与豌豆凉粉一样。先把荞面加水调开，不能有面疙瘩，然后一边均匀地往烧着开水的铁锅里倒，一边用锅铲搅动，不要让它们结块抱团，这样一锅荞面糊就煮成了。用锅铲把它们铲到各式各样的盆子里，冷却，在小食摊上将盆子反扣到桌面上，一块晶洁的荞制水晶就呈现在面前了。切成小块加调料凉拌来吃，金黄色的凉粉加上鲜红的辣椒，先是辣味主导，后有甜苦隐约，彝族人喜欢得不得了，云南人喜欢得不得了。

云南曲靖、楚雄、昆明等地的人们喜欢制作荞丝。荞丝可长期保存。腊月，腌腊季节，各地百姓都忙着为过年准备食品，制作荞丝是为其一。当然，最终的成品不光是为过年，还为来年的生活增加一些味道。

小时，某个晚上，全家人忙着做荞凉粉。第二天，太阳出来，在平房上或有太阳的空地里铺席子，架筛子，把已经冷却凝成块状的荞面整个倒扣在桌子上，用一个专用的弓状工具划丝。这个弓状的工具用一根竹片弯起来，用线或细铜丝在弓口绷紧，然后还要准备两根筷子，在上面等距离刻上小口。划荞丝时，用弓的两边搭在筷子的第一个刻口里，然后用弦从荞面的一端往另一边划，将荞粉划出一层，反复调节刻口，荞面就被一层层地划开了。然后再按照这种方法，垂直切割，一块大大的荞面就被划割成一条条的。随后小心地把它们取开，摆在席子、筛子里晒，连续几天，直到晒干，这就是荞丝。吃时，取一些出来，用菜籽油炸开就行，外形朴素，味甜且脆，是人间美味。有时也在沙里炒，和蚕豆、玉米之类拌在一起，作为年节待客的食品。

好久没吃荞丝了。

荞面也是美好的食物。在云南楚雄州的几个县游走，山高路远，彝族风情却很浓郁，尤其是在乡街子上，彝族老表都会邀请您喝酒抽烟，在小餐馆里，即使不认识，也有老表给您递水烟筒，或者请您喝酒。当地的小食摊上，最多的是荞制品，其中荞面就很常见。我在元谋的街子上享用过，在永仁也享用过。从形象上来说，荞面也是一种面条。楚雄彝族喜欢凉拌荞面，荞面上似乎抹过菜籽油，看上去很光洁。抓一把面条放进碗里，调料自取，以辣为主，然后拌食，口感爽滑，但面很筋道，或者照云南人的说法就是很"硬实"，需细细嚼，越嚼越有味。什么味？淡淡的苦味，人生的至味。

荞粑粑最为云南人所喜欢。它们存在的形式主要有三种，一种是用荞面做成的饼子；一种是用蒸笼蒸成的蒸糕，云南人称为糕粑；一种是用荞面做成的馒头、包子、烙饼等。

荞饼最常见。山乡街子，村头小店，货郎的担子，都有它们的踪影。小时候很少有机会进城，村里小卖部也少，有各类货郎子进村来，有的卖冰棍，有的卖针头线脑，有的补锅打铁，有的就专门卖小荞饼。在我的印象中，云南大部分地方出售的饼子都不是外地人用麦面做的那种，几乎都是荞面饼。通常的小荞饼有碗口大，包有糖心，吃起来松软清香，口感极好，这不是麦面所可比的。我们小时候因为过于向往这种美味，常用大米或者苞谷去换。读初中时，一个小荞饼真想一口就把它吃完，但不行，得慢慢吃，舍不得啊。

荞糕是蒸制品，需要用蒸笼来蒸，一般人家不具备这个条件，所以通常要到集市上才能解馋。一个铁炉子上架着一口铁锅，铁锅上架着几架蒸笼，蒸笼上盖着纱布，揭开，里面就是一整块的蒸荞糕。它和蒸米糕的做法一样，用荞面调成糊状，发酵，然后摊开用火猛蒸，熟时就成了拳头厚的糕点，很松。在小吃摊上，蒸荞糕多与蒸米糕、麦面糕一起出售：蒸荞糕黄褐色，米糕白色，麦面糕淡黄色，看上去搭配很好。吃到嘴里的荞糕，甜味中隐现着苦味，若有若无，引导着味觉想抓住落实它们的来源，但却转瞬消失，很奇妙的味觉体验。

荞面制成的包子、馒头也不少，通常是由荞面或荞面与麦面拌在一起做成。村里有人家做荞面粑粑，总有好几家的小孩抱着吃，并且四处张扬满村巷跑。我原来以为荞面制成的包子、馒头等食品只在楚雄、昆明等地常见，没想到在云南漫游的几年，发现它遍及全省境，文山壮族地区常见，景谷傣族集市上常见，临沧佤族地区也常见。

在众多的粑粑类食品中，荞粑粑拥有朴实褐黄的颜色和独特的口味，而它们飘荡在空气中的味道，使人老远就想跟着它跑。

烧豆腐

烧豆腐，在云南人的语境里首先是名词，指某种专门用来烧烤吃的豆腐，然后才是动词，指烧豆腐的行为。

烧豆腐的吃法不知起源于何时，但肯定与云南传统的火烧食物有关。二十多年前，云南各民族的生活中仍离不开火塘。所谓火塘，就是在家里的重要位置点一堆火，照明、取暖、社交、做饭等等重要的活动都在这里进行，这是古老用火习俗的现实保留。

在火塘边，享用烧烤食物是一种常态，洋芋（土豆）、粑粑、饵块、辣椒、茄子、苞谷（玉米）、豆子、南瓜、竹笋、鸡蛋、猎物、昆虫……几乎无所不烧。无论是可以烧烤的还是不可以烧烤的，我们都尝试过，比如鱼，直接在火塘上烧，就不是那么回事，用芭蕉叶包起来烧，美味来了。

这些烧烤的食物都具备独特的芳香，而且方式简便，所以一直在云南民间的食单上保留下来。只是现在人们都搬进新式的楼房里，传统的火塘在云南人的生活中越来越少，而且正向边缘地带退缩，可能最终会消失。红河哈尼族村寨、小凉山彝族、摩梭人以及怒江独龙族等民族的生活中，仍能见到火塘的常态。

烧豆腐，算是云南红河人在火塘边尝试出来的一种火塘小吃，它具有原始而古朴的气息，也具有时尚而新潮的因素。对经营者来说，烧豆腐方便简单；对享用者来说，它物美价廉，于是它从红河高高的哀牢山间的小道中走出来，在云南大地上散发着芳香。

石屏烧豆腐最为云南人推崇。石屏是红河州一个以豆腐出名的县，一个外来汉族和当地彝族相互依存的地方，可以称为人文昌盛。在古朴的石屏县城，都以能拿到石屏的豆腐为荣。因为石屏的豆腐大都是家庭手工作坊生产，产量有限，供不应求。

石屏的豆腐主要有三种成品，一种是长条形豆腐，一种是金黄色的豆腐皮，一种是小方块豆腐。我曾经在石屏的同学家观察过他家豆腐的做法，他的父母凌晨四点多钟就起床忙乎开了，做法其实和其他豆腐差不多，只不过用的是专门的井水。做豆腐的人家院子里都有一口井，井水乳白带些绿色，用它做豆腐不用点石膏或卤水，味道醇厚。此外，压制豆腐的工具也不一样，用一层层的藤编的"板"排在一个有压榨功能的架子里，把酸水压出去，然后一层层揭开，切成巴掌大小，就成为长条形豆腐。

石屏人专用的烧烤豆腐就是长条形。这种豆腐手掌大小，在专用的豆腐烧烤桌上用炭火慢慢烤。烧烤用的桌子呈四方形，矮不及膝盖，上面用白铁皮包着，中间是一个圆形的洞，里面放着一个铁锅，上面架一个铁架，它成为石屏民间餐饮业中普遍的方式。在铁锅里燃上炭，架上铁架，把豆腐往上面一摆就可以了。渐渐地，豆腐的外皮膨胀起来，变成了金黄色，时间稍长，就可以享用了，用手掰开，蘸上蘸水或干作料，倒一杯苞谷酒，好味道，好闲情。

石屏文庙前面有一条文昌街，数十家小店在店内店外都摆几张烧烤桌子，客人往桌子边的长凳上一坐，看中哪一块自选食用。主人用筷子不时翻动豆腐，以及其他诸如土豆、鸡蛋之类的烧烤物，并为你计数。计数用玉米粒，吃一块豆腐，摊主就在一个小碟子里丢一粒玉米，吃完了数玉米付钱。南来北往的人都坐在一起，吃豆腐聊天，也交流信息。每张桌子都有一个主人，分别计数，从不会弄乱。

石屏豆腐切成小片晒干，收存起来，吃时用油炸开，是下酒的好菜。大学时来自石屏的同学曾带一袋到学校，我们抢着吃，然后要回答一个问题：这是什么？回答五花八门，但大都认为是肉类或者是油渣类。当我们得知是豆腐时，有些目瞪口呆。

建水烧豆腐更有名，一是因为建水是历史文化名城，游人多，影响大；二是建水的小块烧豆腐本身就不错，很有味。建水的豆腐好，还因为建水的井水好。建水的井，颇具特色，很有历史感，有从元代使用到现在的，有三眼井四眼井，有"水晶宫"保护井。建水西门井一带，家家都在做小方块豆腐，供应建水、红河或者是更广范围内的人们享用，使它的味道不至于在建水独自幽香。

建水人爱吃烧豆腐，比石屏人有过之而无不及。在云南，到集市上吃米线是理所当然的事，但在建水，吃米线退居其二，吃豆腐才是第一位的事，至于在集市上的买卖，就只能往后靠了。建水吃烧豆腐的重要地方在西门街，那些屋檐上长满草，房门幽暗，暗香浮动，有店名或无店名的地方都是，钻进去就行了。

我在蒙自吃的烧豆腐也不错，我怀疑是从石屏或者建水进的。蒙自是一个古城，有古老的中式建筑，也有古老的法式建筑，这里是当年法国人修建滇越铁路的重要站点。另外，云南最早的海关、最早的邮政，都在这个地方出现，西南联大也在这里存在过一段时间；而且，由于蒙自特殊的地理环境，一些该保留的东西都保留下来了。我很多次在蒙自县城的南湖边，看湖水与蓝天，看法国花园与高卢士洋行，享受明丽的阳光；在古朴街道的某一小店里，独自坐着，品味着过桥米线以及蒙自烧豆腐，回味着一种莫名的协调——法国人的建筑、中国式的湖园、云南式的古街道和蒙自式的过桥米线以及烧豆腐，缺一不可，奇妙而有风味，不可言传。

云南很多地州都有烧豆腐。曲靖宣威倘塘烧豆腐是独具一格的黄色。倘塘是滇东一个古老的小镇，以出产黄豆腐有名。宣威倘塘生产的黄豆腐，近几年因为电视节目的到访而有名了。当地人做的豆腐其实也是白色的，不过他们会将小块豆腐用纱布包裹起来，浸在姜黄做成的汤汁里煮十多分钟，这样白色的豆腐就变成黄色的了。成品呈方块状，外层颜色金黄，中间则为白色，手感扎实，口感与红河的烧豆腐相比要更细腻，味厚实且带一点奇怪的鲜味，还有一点姜味。另一方面，这种烧豆腐没有红河烧豆腐那种较为强烈的发酵味。当地的烧豆腐也是蘸辣椒料，只是相对简单一些，只提供一种，食者自愿，可加可不加。

昆明的烧豆腐多标为建水或石屏烧豆腐。多年前我在云南大学读书，从宿舍出去不远就是天君巷，内有一店，是石屏驻昆明的办事处，附带开一食堂，常有烧豆腐吃。在这里，我们吃的可是正宗石屏豆腐。后来这家店搬到别的地方去了，有些怀念。好在还有宝善街可去，当时这也是小吃云集的地方。昆明的烧豆腐还真多来源于石屏和建水，一入口就知道味道了。昆明是云南的中心，各地有地方特色的食品进入也是应该的，可以满足当地在昆明工作的人的需要，而且建水和石屏离昆明也不远，运来送去的也方便。

玉溪烧豆腐也不错。向晚的老街，烧豆腐摊点生意很好。当地的烧豆腐呈小长条，以为是金条呢，玉溪的豆腐本身也不错，只需在形制上改变一下，成为了自身品牌的烧豆腐。

豌豆粉

豌豆深秋种，春天收。所以从秋天到春天，豌豆的味道都陪着我们。

豌豆种子撒下去不久，细嫩的豌豆苗就长出来了。到冬天时，它们已长高，我们开始采食它们的"尖"。所谓"尖"，也就是嫩头。豌豆尖通常用来煮豆尖汤，汤色清绿，有时还加酥肉煮，加入圆子也不错，这都是冬天很美好的味道。

豌豆挂角了，就可以采回来炒着吃或者煮着吃，一直吃到快要收割。

成熟收回的豌豆主要做凉粉。云南关于豌豆的食品主要就是"粉"，小小的一个"粉"字，创造出了奇妙的饮食小世界。云南人享用的豌豆粉有很多种状态，至少从形态上可分为稀豆粉、凉粉、豆粉锅巴，还有三者之间相互组合以及与其他食品相互组合形成的系列美味。

稀豆粉可单独作菜。在陆良，稀豆粉也叫稀凉粉。乡村生活，有时劳动回来，劳累，不想到菜园子里去摘菜，就从缸群中找出装豌豆面粉的那一只，用碗掏出一些来煮稀豆粉：用温水把豆粉调开，成糊状，然后一边往开水锅里慢慢倒，一边用锅铲搅动，煮熟时呈面糊状，几分钟就可以安抚饥饿的肚皮了。稀豆粉做法虽简单，但味道不将就。一碗米饭浇几勺稀豆粉，滴几滴花椒油，来点煳辣子，有姜蒜汁或者芫荽加入也不错，拌饭吃，很特别的豆香与饭香。

稀豆粉也是重要的早餐构成。有一段时间我在西双版纳一个小镇住着，每天都吃稀豆粉米线或米干。小吃店就在一个街道的拐角处，经营者是一个傣族女子。时间长了，与老板娘都很熟悉了，还都没开口，她已将稀豆粉米线做好了。当地的吃法，一只铁皮桶状的锅里煮着稀豆粉，另一只煮着花生汤，就是用花生磨成浆的煮制品。说是煮，其实已煮好，只是用小火保持着温度。客人点好米线或者米干，烫一下，入碗，加两勺稀豆粉，顾客自己端到调料桌前，一桌的调料，二十余种吧，自己配。然后，再端到餐桌前，自己拌自己享用。稀豆粉和花生汤，两者不能混在一起，不然不知啥滋味。

稀豆粉下油条也是不错的搭配。在大理地区，一些小食摊喜欢将稀豆粉与油条搭配吃。一碗稀豆粉上来，还冒着热气，来两根油条，剪成段，塞入稀豆粉里，蘸一蘸，连稀豆粉一起吃，从风味的角度来讲，比豆浆不知好多少倍。这种吃法在冬天更受欢迎。

稀豆粉煮稠一点，不用火一直保温，而是用盛具盛起来，等它们凉下来就成了豌豆凉粉。凉粉，在各地的饮食中都有自己的特指，在云南民间通常有两个意思，一是凉下来的豆粉，二是凉拌着吃的"粉"，除了豌豆凉粉，还有米凉粉、荞凉粉等。凉下来的豌豆粉倒扣出来，就是一块金黄色的晶体，它们与荞麦凉粉相比，更鲜亮，更时尚。

凉拌是豌豆凉粉的通常吃法。从滇西北丽江到滇南佤山，从滇东北昭通到滇西保山，豌豆凉粉一定都在小食摊上等着人们享用。外地人认识豌豆凉粉，通常是在大理，其实大理白族人对凉粉的喜爱并不比别的地方更强烈，但大理人文昌盛，风景美好，一直是人们前往云南的重要理由，在大理认识金黄色的豌豆凉粉也是外省人通常的途径。云南民间，凉拌豌豆粉的吃法都是一样的，用小刀将金黄色的豌豆粉划成小块，方形或者条形都可以，然后拌上调料食用，口感辣中回香，如果少加一点调料，只点几滴花椒油，味道会更文雅一些。豌豆粉的芳香慢慢渗透到心底，对云南人来说，这是味觉上共同的乡情，是流落为异乡人的童年与故乡，是乡愁。

油炸是豌豆凉粉的另一吃法。通海河西人将做好的豌豆凉粉切成小片，放入锅内用菜籽油炸，半熟后捞起来晾一晾，重入锅内，炸透，捞起，撒上椒盐食用。这种吃法很多年前我就曾听闻，但是几次到通海都没尝试过。我尝过的是丽江的油煎豌豆凉粉，丽江人用平底锅将豌豆凉粉与鸡豆凉粉一起油煎，外层微脆，内里鲜嫩，虽用油，却有飘然的高原味。

云南人喜欢吃锅巴，大约是源于对古老烧烤食物的依赖，生的好吃烟的香，锅巴有一种特殊的风味而受人喜欢。云南人喜欢的锅巴有很多种，米饭锅巴、土豆锅巴、豆腐锅巴，而豆粉锅巴是其中的神品。十几年前，我在永平、凤庆一带旅行，第一次见到专门出售的豆粉锅巴，就那样在小摊上摆着出售，当时不知何物，尝过之后，哦，原来是用豌豆粉做的，不是我们老家做稀豆粉时的附属品。

豆粉锅巴的做法简单，像做稀豆粉一样调好豌豆粉，不过不是下水煮，而是在平底锅中刷一层油，摊一层豆粉，烤黄就可以了，像北方人的煎饼一样。做成的豆粉锅巴金黄色，一层层垒起来，摆在集市上卖，很朴实却很吸引人的味觉，吃起来香味扑鼻。与豆粉比起来，它多了锅巴的香味。

凤庆当地人还对豌豆锅巴的吃法进行了创造，先将烤热变软的饵块涂上拌有茴香籽、油辣椒的稀豆粉，然后用豆粉锅巴裹成卷食用。小小的一个粑粑卷，就包含了饵块、稀豆粉和豆粉锅巴，多种美食的混搭，产生了米的清香、豌豆的清香与锅巴的浓香微妙配合的味道。这可不是新近的产品，凤庆粑粑卷已经过上百年时间的过滤，形成了当地人的味觉记忆。老街上，人们手握粑粑卷，安静地行走，安静地享用，与大城市人们手握西式汉堡匆匆行走、狼吞大嚼相比，是一番不一样的生活景象。

南涧彝族的豌豆油粉则又是一个新境界。第一次经过南涧时是一个雨季，从巍山进入当地的公路还没有修好，泥泞的土路，客运汽车在城外一公里多的地方坏掉了，乘客们只好扛着行李在泥泞里步行到县城。还好，在集市里吃到了豌豆油粉，算是得到了意外的"补偿"。此后多次去南涧，有时是途经，有时是绕道而去，主要都是为了吃一碗豌豆油粉。

与一般的豌豆凉粉或者豌豆锅巴相比，豌豆油粉的做法比较复杂。把豌豆磨碎去皮，其中的一部分磨成粉，一部分磨成浆。浆用纱布过滤、去渣，取部分浆与干粉调成糊即成为原料。在锅内抹油，倒入糊状物，用木片摊成片，烙成锅巴，烙很多的锅巴。然后是煮粉，豆浆加盐兑水稀释，慢慢倒入沸水中，不停地搅动，煮成稀豆粉。最后合成油粉：湿纱布铺簸箕上，舀一瓢豆粉摊平，铺一片锅巴，依次操作至锅巴铺完。吃时用刀挑切出来，放入碗内，拌上佐料，既有锅巴的芳香，也有豌豆粉的滋味。

豌豆油粉的吃法还在不断创新。前几年到南涧，吃到了锅里煮着的油粉，火炉上架着一个巨大的盆状锅，里面煮着稀豆粉，再一看，稀豆粉里加入了许多豌豆锅巴。舀一碗，加点调料就可享用，冬天里温暖的味道。

巍山的集市上，豆粉还有别的吃法。一种是像南涧那样煮稀锅巴豆粉，不仅是吃豆粉锅巴，还可以拌在米线里吃。另一种是豌豆锅巴凉粉，就是煮豌豆凉粉时在里面加入豌豆锅巴，煮好，凉下来，晶亮的凉粉里就有了"花纹"，那是锅巴在里面形成的。人们购买回去，自己加点调料享用，可作小吃，也可作菜，滑感中还有醇厚的味道。

体味过云南民间的这些豌豆粉，你会感受到，带着西亚情调的豌豆，在云南受到了特别的尊重和眷顾。

剁　生

古人生食肉类，称为脍。现在云南民间生食肉类，称为剁生。

关于剁生的"烹饪"方法，较早的记录出现在南宋《吴氏中馈录》中，内有"蟹生"条："用生蟹剁碎，以麻油先熬熟，冷，并草果、茴香、砂仁、花椒末、水姜、胡椒俱为末，再加葱、盐、醋共十味入蟹内，拌匀，即时可食。"这条记录，正是现今生活在云南热带、亚热带的傣族、布朗族、拉祜族、佤族、景颇族等民族的烹饪方法：一是将肉食剁碎剁细，二是加众多的调料去腥味。

螃蟹剁生，也称螃蟹酱，其实还有更远古的传承：楚时的"蟹胥"就是螃蟹酱；东汉刘熙《释名》中有言："蟹胥，取蟹藏之，使骨碎解胥胥然也。"

我在孟连、西盟等地都见到螃蟹酱，用竹筒或者玻璃瓶装着，黑色的糊状。可惜当时没有品尝的欲望，据说很美味，当地的佤族、傣族人很喜欢，用作调味酱，往鲜味上靠近吧。

在澜沧集市上见到黑色的小螃蟹出售，那是箐螃蟹，不是生活在水里，而是在山林里生活，它们已适应了新的生活环境。我在西双版纳的热带雨林里拍摄过它们的生活：在潮湿的林地里，它们会挖出一个小洞，平时洞外找食物，一有风吹草动就闪回洞内，用洞口的一块泥盖住洞口，与在海边生活的螃蟹相类。澜沧的拉祜族、傣族将它们捉了剁生享用。

布朗族的螃蟹剁生别具一格，他们将螃蟹捕来以后，清洗，带壳烧。揭去蟹壳，除去内脏，蟹肉剁成泥；南瓜子炒熟、辣椒烤煳、野花椒烘烤后舂细，与螃蟹肉泥掺拌在一起，加食盐调匀，很是美味。当地人用其蘸食饭团，也蘸食生蔬菜，是为蘸料也。

南方多水，也多螃蟹。海中的大型螃蟹，解决起来比较方便，煮与蒸，广东式的焗，都是很好的烹饪方式，都简单易行，从古至今没有多大改变，当然也不需要作更大的改变。但对于没有多少肉的小螃蟹怎么办？有点类似于鸡肋。但我们的古人不会放弃螃蟹这种美味的，事实上，从海蟹到湖蟹到河蟹都是美味。第一个吃螃蟹的人总是受到人的尊敬，也总是用来表示创新和勇敢，也许就因要解决小螃蟹的食用问题，蟹胥产生。

螃蟹剁生只是鱼剁生中的一种——云南民间的剁生，按原材料基本可分为三大类：一是陆地大型动物的肉类剁生，二是水生动物类的鱼剁生，另一类是昆虫类剁生。其他还有橄榄类剁生等。

鱼剁生，顾名思义，就是水生动物剁生的统称。凡是水生的鱼类、黄鳝类、蛙类都可以剁生，从具体的种类上来说，当有数十种。日常的鱼剁生，将鲜鱼的鳞片刮去，去鳃去内脏，用木夹固定在炭火上烘烤，一般要烘烤到七八成熟，然后下夹剁成泥状。所以，虽说是剁生，但并不是生的，这是古老的生食与烧烤相结合再分化出来的一种烹饪方式。

鱼肉剁成泥了，还要加料。通常将野花椒烘烤，然后舂成粉。大蒜也少不了，要捣成蒜泥。葱、芫荽洗净切成末。将这些味道浓重的香料与鱼泥拌在一起，加入盐，再到舂筒里播研调拌，成为糊状物，此时已经完全看不出鱼肉的形状了，这就是鱼剁生。

复杂的过程，表明人们对美味的态度是尊重的，是平静追求的，不是匆匆的快餐。

做成的鱼剁生却不是单独的菜肴，像螃蟹酱一样，只是一种蘸料，是蔬菜的陪衬和调味品。人们在享用萝卜、野芹菜、刺五加等生蔬菜时，蘸着吃。鲜、甜、香，略带辛辣，是少数民族地区的特殊风味。

肉剁生，像鱼剁生一样，也只是一个统称，凡是大型陆生食用动物都可以剁生。比如猪肉剁生、牛肉剁生、马鹿剁生、麂子剁生等。

这种吃法源于古代的狩猎习俗，森林中获得猎物，烧烤一下，用腰刀剁细，从森林里找一些调味品拌一拌就可以食用。吃不完的可烤干，成为干巴，方便带回家。

现在最易吃到的肉剁生主要是牛肉剁生。德宏人吃撒撇，摊主会问食客一句："生撒还是熟撒？"口味好的当然是生撒。所谓生撒，就是用牛苦胆汁加入剁生的牛肉在内的撒撇。当地人剁生的牛肉，主要加各种调料去腥味，而且韭菜是少不了的。吃到嘴里，有点滑滑的感觉，味觉辛辣。

在别的地方，别说是生牛肉，就连生的蔬菜也不敢吃了。我在德宏品尝这些美味，原以为会闹肚子，结果一点儿事也没有。当地人每天都享用生牛肉。当地集市上出售的蔬菜，野菜比种植的多，品种上百种，别的地方，不说见过，有听闻过吗？

野味剁生曾是西双版纳、德宏等地重要的食物，它们比家养动物的剁生还普遍。比如马鹿肉剁生——人们将猎获的马鹿肉用刀剁细，与葱、蒜、芫荽、野花椒拌好，入盐、辣椒和柠檬水，调匀就可以了。它也是作为蘸料，蘸的主体则是猪皮。当地人将生猪皮刮洗干净，在炭火上烧成半透明状，然后切成薄片，加入到剁生的马鹿肉里拌起来吃，是非常少有的独特美味。现在想吃，不大可能了。

现在猎物少，也禁猎，野味剁生也许永远退出人们的味觉领域了。

昆虫剁生也有古老的传统。先秦时有"蚳醢"，有人认为是蚂蚁卵做的酱，也有人认为是蝎子酱。现在的蝎子是油煎来吃，味道很好，古人的蚳醢估计味也不甚恶。如果是蚂蚁卵酱，现在的西双版纳等地的傣族、布朗族、基诺族都还在享用它们，将白蚁卵剁成酱状物，加调料食用，味也不恶。

《齐民要术》菹绿第七十九，录有"蝉脯菹法"，当是古代版的昆虫剁生，有三种，一种是"捶之，火炙令熟，细擘，下酢"，第二种是"蒸之，细切香菜置上"，第三种是"下沸汤中，即出，擘，如上香菜蓼法"。这三种食用昆虫的方法在云南也都存在。云南傣族、布朗族的昆虫剁生，将蟋蟀、知了等，用微火炒熟，加芫荽、青蒜、野花椒、辣椒等料，剁细成泥，研调成糊，也是用生食类蔬菜蘸吃。

剁生，古老与时尚，交织在云南人的生活里。

蘸 水

蘸水源于古老的"齑",就是入口之前将食物先过一下调料,比如北京的烤鸭先过一下面酱,北方人吃蔬菜过一下大酱,广东人吃白切鸡过一下味碟,日本人吃刺生过一下芥子酱,等等。这个"过"云南人叫"蘸",而调味品云南人就叫"蘸水"。

古代的齑主要用于蘸切脍。切脍就是生肉片,蘸肉片多用味重的齑,一是掩盖肉腥味,一是杀菌保证食物质量。现代生食鱼片多用芥末作为蘸料,芥末味辣而冲,就是古代的齑。但现在的蘸料更宽泛,不仅是吃肉生、鱼生用,而且大多数菜式都有蘸料。

古代最有名的蘸料当为"八和齑",北魏贾思勰《齐民要术》"八和齑第七十三"专章曾详细介绍。所谓"八和",主要是"蒜一,姜二,橘三,白梅四,熟栗黄五,粳米饭六,盐七,酢八"。蒜、姜、橘、白梅调味,主要是酸辣味,现代人所用的蘸料中,蒜蓉、姜米常用,橘与白梅已很少用，但它们却是古代重要的调味料。现在江西有腌橘皮，很独特的小菜。熟栗黄与粳米饭，调色成型，使齑具黏性。盐是最主要的配料了。酢，醋，从古至今都是重要的蘸料。总起来看，八和齑是酸辣味。

古代另有橘蒜齑、白梅蒜齑、韭菁齑、不寒齑、梅花齑等有名的齑。

现在，"齑"字已很少使用，人们通常用"味碟"来指称这些蘸料，云南人称谓"蘸水"则直接一点。云南民间的蘸水，辣为主调，但也突出香味。如果细究起来，各民族都有自己独特的"蘸水"，彼与此，相去甚远。

焖辣子蘸水通用全省境。

辣子就是辣椒，原产于美洲大陆的神奇食物，明末由东南亚传入中国。我国最早的辣椒记载见于明高濂的《遵生八笺》（1591年）："丛生，白花，果俨似秃笔头，味辣，色红，甚可观。"1621年刻版的《群芳谱·蔬谱》也载有："番椒，亦名秦椒，白花，实如秃笔头，色红鲜可观，味甚辣，子种。"云南人是喜食辣的。就辣椒生产的种类来说，云南民间有繁多的品种，文山小米辣，版纳朝天椒、野生椒，德宏涮涮辣等等这些品种，还真不是别的地区所可比拟的。

关于辣椒，小时候我曾有实际的栽种经历。初春季节，泡辣椒籽，然后撒在菜地里育苗，长到半尺高的时候，移种。有的人家嫌育苗麻烦，就到集市上去买，很便宜，一把五毛。买几把种下去也不错。移植的苗需要多浇水，晚饭后，我们挑着桶去浇水，一棵一瓢。雨季来临时，辣椒就成熟了。如果有点好奇心，会发觉许多不可思议的现象，比如它的果实会由绿变红，绿得那么翠，红得那么艳，深深地困扰着我的童年。

红辣椒分批次摘回来，用稻草或棕叶编成长串晾晒。将两三个辣椒把子并在一起，先用棕叶分两条交叉捆住，然后把辣椒把子折下来，同时再加上一把，如此反复即可。编好的辣椒吊在院子里自然晾晒，满院子的红火。

辣椒能用作烹调，与众多的食物一样，最初当是与火发生关系，那就是火烧，直接烧烤。如果再与盐发生关系，现代意义的美食就被它占据一角了。夏天，菜园里的青辣椒采回一些来，在炭火上烧好后撕开，撒上盐粒，拌上调料，或者直接食用，都可以。儿时，我们曾把青辣椒和土豆一起拿到烤房里烤，熟了之后，一手拿土豆，一手抓辣椒，在盐上蘸一下，吃一口土豆咬一口辣椒，大汗淋漓，痛快。

干辣椒烧着吃就叫煳辣子。编好的辣椒，晒干了留着慢用。每天顺手摘几个，放在火上烘出独特的香味，稍凉变脆，放入专门用来加工煳辣子的竹筒里，用木棍一阵捣鼓，倒在碗里，拌上调料，加上开水或者汤，就成了蘸水。将菜往里一蘸，味道浓烈香辣，这就是煳辣子蘸水。

煳辣子蘸水定下了云南人日常食用辣椒的基本格调，就是香辣味。实际上，云南在做菜上并不过分强调加入辣椒，尤其是素菜，多以清炒为主，辣椒带来的辣味在蘸水中，想吃辣的多蘸一点，不想吃的可不蘸。最简单的就是苦菜汤，清汤寡水，主要是为了喝汤和吃菜的原始苦味，但备一份蘸水也是当然的。

民间还有腐乳蘸水。云南的一些腐乳会加入菜油泡，称为油腐乳，味道很好，而彝族人正是制作浓郁回味腐乳的高人。他们的蘸水也多用腐乳主料，再加入芝麻油、花椒油、花生酱和芫荽、葱花等。受其影响，大部分云南人在吃烧烤和火锅时用腐乳蘸水，辣味少些，独特的回味感增加。

其他还有蒜泥蘸水、红油蘸水等，都是近些年出现的，借鉴了四川、重庆等地人的蘸料方式，体现不了云南的食辣趣味。

还有一些烙着云南标签的蘸水，比如傣族人的喃咪。喃咪是傣语，意为酱菜。傣族喃咪众多，番茄喃咪、芝麻喃咪、花生喃咪、螃蟹喃咪、酸笋喃咪等等，都是用来蘸菜吃的酱，实际就是蘸水。德宏傣族的蘸水，比如腌菜膏，比如苦撒、撒大鲁、鱼撒、柠檬撒等，是另一种风格的傣族蘸水。在芒市吃一餐饭，上来几个蘸水，服务员会告诉你此蘸水配彼菜，彼蘸水配此菜，完全不是云南其他地方一碟煳辣子蘸水吃天下的架势。用心体会它们之间的关系，还真奇妙。

云南民间还有干蘸料。干蘸料主要就是煳辣子面加盐，很简单，在建水吃烧豆腐，蘸料是它，用小碟子分装给客人；昭通吃烤洋芋（土豆），蘸料也是它，摊主用勺子将它撒在洋芋块上；在临沧佤族地区吃火烧肉，上来一看，蘸料又是它，盘子边上正堆着一堆呢。

云南民间的蘸料纯朴而直接，不调和，不委婉，性情耿直，交往多了，就会喜欢上它。

酸　菜

　　云南民间饮食五味俱全，但主要是辣味、酸味和苦味。云南民间饮食的酸味，主要来源于腌制——酸菜。酸菜，古代称为"菹"或"葅"。《诗经·信南山》有云："中田有庐，疆场有瓜。是剥是菹，献之皇祖。"表明先秦时"菹"的存在。《周礼》"天官"条，内有韭菹、菁菹、茆菹、葵菹、芹菹、箈菹、笋菹诸种腌蔬菜。

　　在云南，隔着一座山，酸味就会不一样。总体来说，腌制的酸味大致呈"南水北干"，至于中间调子的腌酸菜，主要在云南中部。

　　先说水腌菜。

　　水腌酸菜在古代称为汤菹。北魏贾思勰《齐民要术》作菹、藏生菜法第八十八："作汤菹法：菘菜佳，芜菁亦得。收好菜，择讫，即于热汤中煤出之。若菜已萎者，水洗，漉出，经宿生之，然后汤煤。煤讫，冷水中濯之，盐、醋中。熬胡麻油着，香而且脆。多作者，亦得至春不败。"所记即为古老的水腌菜。

滇南各族喜欢水腌酸菜。酸与傣族联系在一起，无酸不餐已成了傣族的饮食习惯，"酸摆夷"的称谓便由此产生。傣族人认为，吃酸可以心明眼亮，可以消暑解热，有助消化。酸扒菜、腌酸笋、腌酸鱼、酸肉、酸木瓜煮牛肉、酸笋煮鸡、酸帕贡菜、酸腌菜等等，都是傣味中富有特色的酸菜系列。在西双版纳、德宏等地旅行，水腌酸菜在集市上最常见，它们用盆装着出售，一个摊上有很多种，作菜、煮汤、作调料，都要用。水腌酸菜的方法是将白菜或者油菜花及苔摘下来，洗干净，用开水焯一下，装在坛子里腌，一天就成了，图的是实用方便。

云南新平县，花腰傣聚居地。当地的水腌菜很有特色，人们将整叶的扁秆大青菜洗一下，水晾干，拌辣椒、盐、花椒、草果等料，入坛，可存食一两年，成品颜色红亮，酸味醇厚，是酸腌菜中的神品。若想吃酸菜炒饭，取一片淋着酸水的新平酸菜过来，切细，加入饭中炒，味是真酸啊，味是开了，还得加饭，很容易就吃多了。

滇东的富源县汉族有另一种水腌酸菜。富源人以萝卜、小油菜或青菜为原料，待水烧开，加入少量淀粉和面粉，将洗净切成细丝或小段的萝卜、小油菜或青菜放入锅内，烫一下，捞出来，装入缸内，盖好盖子，放在火炉旁，不几天就变酸了，也就可以食用了。新制成的酸菜里还要加一些"脚子"，也就是陈酸菜的酸汤。由于各家酸菜的"脚子"不同，酸菜自然各有其味。这样腌出来的酸菜或绿或白，黏稠滑腻，酸纯有味。

富源的这种水腌酸菜方式也很古老。《齐民要术》记录腌芜菁、蜀芥方："粉黍米，作粥清；捣麦作末，绢筛。布菜一行，以麦末薄坐之，即下热粥清。重重如此，以满瓮为限。其布菜法：每行必茎叶颠倒安之。旧盐汁还泻瓮中。菹色黄而味美。"

再说干腌菜。

干腌菜多在滇西。做法是用青菜、萝卜加米汤入土罐，密封，置于有阳光的地方晒腌，腌酸后连同腌菜水一起入锅内煮至沸腾，再捞起来放在阳光下晒干，然后将其放入原煮沸的酸水内继续腌制。如此循环至腌菜水煮干，整个过程差不多要几个月的时间。经过这样反复煮、晒，最后形成干褐色的食物。干是真干，一点儿水分也没有，在空气中可长久保存。我在保山旅行，不时购一些腾冲干腌菜寄回家里，炒土豆或煮汤，干而厚实的味道，既有发酵味，也有时间的香味，这是我最喜欢的腌菜味道，古老的云南味。这种味道没有比较，语言感到无力。绍兴的霉干菜，还有客家人的梅干菜，都有名，味差不多，云南干腌菜的味道，比它们走得远，不说别的，单做法，就复杂多了。

半干的酸菜流行范围更广。

滇中各地，人们喜欢半干的腌酸菜，它们算是中间调子。原材料主要是两种，一种是青菜腌的，一种是萝卜丝腌的。

青菜，云南人常称为苦菜，实为芥菜的一种。腌芥菜，古已有之，《齐民要术》有蜀芥咸菹法，方法与现今差不多。南宋《吴氏中馈录》"藏芥"条："芥菜肥者，不犯水，晒至六七分干，去叶。每斤盐四两，腌一宿取出，每茎扎成小把，置小瓶中。倒沥，尽其水，并前腌出水同煎，取清汁，待冷，入瓶封固，夏月食。"清宣统年间薛宝辰《素食说略》"腌五香咸菜"条："好肥菜，削去根，摘去黄叶，洗净，晾干水气。每菜十斤，用盐十两，甘草六两，以净缸盛之，将盐撒入菜秸内，排于缸中。入大香、莳萝、花椒，以手按实。至半缸，再入甘草茎。俟缸满用大石压定。腌三日后，将菜倒过，扭去卤水，于干净器内别放。忌生水。将卤水浇菜内。候七日，依前法再倒，仍用大石压之。其菜味最香脆。若至春间食不尽者，于沸汤内瀹过，晒干，收贮。或蒸过晒干亦可。夏日用温水浸过压干，香油拌匀，盛以瓷碗，于饭上蒸食最佳，或煎豆腐面筋，俱清永。"

腌芥菜从宋之前的盐腌为菹，到清末时已成为了"五香咸菜"，也就是加香料腌，中间的过程当是渐进而有趣的。

腌青菜酸菜我小时候全程参与。冬天清晨，我跟着大人到青菜地里，抱着上面还铺渡着霜层的青菜使劲地砍，然后笨手笨脚地抱到竹篮边，最多一个上午，充实的菜园子就会被清理出一半。把青菜挑回去后，一片片地剥开清洗。青菜洗好了，要用刀切成细条。这是一项技术活，小孩一般干不了，我们用刀的活主要是剁猪食。菜切好了，就要在空地里用席子晒。这个季节的菜园子、院子和周围的田地里，全都是斜向太阳的草席或竹帘子、桑木条帘子。它们是用绳子编成的席状的物品，可卷起来，用来晒晾粗的糙的东西，主要是冬天做酸菜用。家家都在晒腌制酸菜的原料，主料除了青菜外还有萝卜丝和萝卜条，还有臭豆腐。把村庄装点的别有颜色。

另一种是腌萝卜酸菜。

腌萝卜的历史很早。《齐民要术》有"菘根萝卜菹法"，清宣统年间薛宝辰《素食说略》"莱菔"条："切成一寸许四棱长条，入大瓷盆中。每十斤，加盐十二两，用手揉之。每日须揉二三次。俟盐味尽入，盐卤已干，再以花椒、茴香末或更加辣面拌匀收之。随时取食。"魏晋南北朝时已有萝卜的叫法，不知为何在清代人们仍称萝卜为"菜菔"？

冬天，将萝卜收回来，洗净，切成小条，晒半干，加上盐巴、辣椒、八角、草果、茴香等配料，使劲搓揉，反复搓揉，让味道和盐分进去，然后用大缸装起来，一个月后就可以享用了。萝卜酸菜也是真酸，煮一盆酸菜汤，只需掏一小把丢进开水里，加盐即可。小时候用来泡饭吃，哗啦哗啦，吃得很爽。

云南腾冲人还腌山葵花。这是一种生长在高黎贡山海拔一千多米以上才能种植的古老蔬菜，具山野味。高黎贡山是个神奇的地方，我到过多次，还想再去。这一款腌制的山葵花，主要特点在原料上，是山葵菜的花箭，腌制方法与腾冲的其他腌菜一样，成品酸辣适度，味厚实，是很好的开胃菜。看上去也没有其他一些地方的腌菜细致，山野情态。不过想吃到它，不容易。

利用腌酸菜做成的食品很多，这里也列几种日常吃法：

酸菜可以与主食配合。比如酸菜炒饭，云南民间普通的炒饭之一，味酸辣，加鸡蛋或肉，味都很好。这样的炒饭，闻其名已口中生津了。高中时生活艰苦，每次学习小有成就，就会在晚自习后到校门口，一块钱来一份酸菜炒饭，自我奖励，很有满足感。想再吃一份？继续努力吧。酸菜炒米线、酸菜炒饵块，味都好。或者说，很多地方的这些炒品都要加入腌酸菜。

酸菜与肉类更是奇妙的组合，一者它可以使肉类增味，二者可以去除肉类的腥味和油腻，三是可以使享用者开胃。这种味道，比客家人的梅菜扣肉吃起来还爽。

酸菜与淀粉类蔬菜搭配也不错。酸菜洋芋，洋芋就是云南人的土豆，昆明一带，腌酸菜炒洋芋，很好的味，人人喜欢。用来炒慈姑或者炖芋头，都很好。炖红豆时，抓一把酸菜放进去，就成云南人的酸菜红豆情结。

酸菜自成其菜，味更纯粹。比如流行于滇东和滇中一带汉族、彝族民间的酸汤。农忙时节，没时间做菜，回来时只需一盆开水，掏一把酸菜往里面一放，加点盐之类的调味，吃起饭来哗哗地响。

在我初中和高中时代，每个周末要带一瓶自家的腌菜。这是一个一定要做的工作，否则一个星期胃口都受影响。如果因补课或者其他事不能回去，那么家里人会让同村的人带一瓶来。如果跟着同学去玩了，那么同学家自然也会为你准备一瓶。谁都明白这项工作很重要，关乎生活质量。我们的腌菜品种很多，有酱豆子、腐乳、血辣子、糟辣子等，但最多的是腌酸菜。

那个时代，该叫酸菜时代。

豆　豉

　　做完豆腐，我们会在豆腐渣里拌上辣椒、花椒、姜丝、八角、茴香、草果等辛香料，再加入大量的盐，揉透，然后用青松捂起来发酵；有浓烈的香味透出来时，取出，做成小饼状——也就是我们说的粑粑状，豆粑粑的得名也源于此——然后用筛子等物件铺上青松针，排在上面，放到房顶上晒，晒干，它们变成了黑红色，看起来很不起眼，收起来，备用。

　　豆粑粑平时并不食用，有远方的客人来了，临时取出一块，切片或弄碎，与腊肉炒，一瞬间，强烈的香味就占领整个房间，溢到村路上去，连过路的人都知道这家来客人了。这种香味对食欲的挑逗是直接而准确的，使人防不胜防。

　　多年在外谋生，前些年回家，母亲都会将做好晒干的豆粑粑收拾几个给我带上。路上要包严实，不然味道出来，一车的人都在问这怪味从哪里来的。这还算好的，有的人带豆粑粑在路上，人家直接问这臭烘烘的东西是什么。这个真解释不清楚。其实，这哪是怪味，当它与油脂一结合，就变成了不起的香味了。

我生活的地方曲靖市，属于滇东地区。豆粑粑实际上就是具地方特色的豆豉。

豆豉，黄豆制成的古老民间美味，流行于南方，因味道浓郁深厚、个性强烈而受一部分人的喜欢，只能说是部分。

豆在中国古代称为菽，位列六谷。它好种也好收，且收获不错。但食用时，却因为煮成豆饭胀气。人们在食用过程中偶然发现没吃完的煮熟的豆发酵，晒干，尝一下，很特别的味，于是豆豉产生。

有人认为《楚辞·招魂》篇中所记的"大苦咸酸，辛甘行些"中的"大苦"就是豉。这是一个不确定的猜测。但汉代肯定是有豉了，《急就篇》中记有"芜荑盐豉醯酢酱"，这句话表明西汉时已基本上奠定了我们的腌菜类别，其中就包括豉。东汉刘熙《释名》"释饮食"："豉，嗜也。五味调和，须之而成，乃可甘嗜也。故齐人谓豉声如嗜也。"当然，也有的地方称为"丝"或"食"。另外，马王堆出土随葬有一罐豆豉，豉中还有姜的碎块，这与现今的豆豉制作差不多。

北魏贾思勰《齐民要术》"作豉法第七十二"记录了当时"豉"的做法，包括豆豉和麦豉，其中豆豉的做法记录较详，是作坊批量生产方式。计有建屋、择时、计量、煮豆、初酵、耩豆、漉淋、复酵等工序，另有注意事项若干条。当代人做豉也没有如此复杂的要求。

南宋《吴氏中馈录》记录"酒豆豉方"，明李时珍《本草纲目》录造豉法三种，清宣统年间薛宝辰《素食说略》有"咸豆豉"条等记录。

豉发展到现在，有很多分类，按加工原料分为黑豆豉和黄豆豉，按口味可分为咸豆豉和淡豆豉，按干湿程度可分为干豆豉和水豆豉，等等。

豆豉利用毛霉、曲霉及细菌蛋白酶来分解大豆蛋白质，然后以加盐、加酒及晒干等方法来抑制酶的活力，延缓发酵或者说使发酵变成一个长期而缓慢的过程，最终成为豆豉，既保存了豆类丰富的蛋白质、脂肪和碳水化合物，又因为发酵产生的多种氨基酸和维生素增加了独特的香气，促进食欲，提高吸收。

豆豉不仅能调味，而且可以入药。中医学认为豆豉性平，味甘微苦，有发汗解表、清热透疹、宽中除烦、宣郁解毒之效。

有名的豆豉很多。广东阳江豆豉，它们并不是呈饼状或者块状的，而是独立的。我在广东生活多年，也喜欢这种豆豉的味道，但说实话，这味道与云南的相比，确实清淡了一些，至少不会满屋飘香影响他人。江苏徐州老盐豆，当地人也称盐豆、盐豆子、臭盐豆，就是徐州人家腌制的豆豉，味道深厚，一种更深入的时间的味道，但它的风味没有变化。湖北恩施冻豆豉，也称桃花豆豉，是湖北恩施地区人们对美食的贡献，据说过去只能在桃花盛开的季节制作，口感细腻柔和，回味悠长，有酒香，山野味，但味道并不浓厚。

与其他地方的豆豉相比，云南豆豉种类多且各具地方特色。汉族的豆豉与白族的豆豉风味不一样，彝族的豆豉与哈尼族的豆豉有区别。除了我们当地用豆腐渣做成的豆粑粑外，还有几十种风味各异的豆豉，它们构成了云南豆豉性情各异的图卷。

比如片状和粉状的豆豉。这个要到哈尼族、瑶族人生活的地方去体验。哈尼族主要生活在红河和西双版纳地区，瑶族生活在文山地区。他们的豆豉也是以豆腐渣或者直接将黄豆泡水舂碎为主料，辣椒、花椒、盐、酒、草果、茴香等为辅助调料，但有一个特别的地方，就是将荞秆晒干烧成白色的粉末拌入其中，由此增加了别样的风味。我在边境小县金平，见到当地红头瑶的豌豆切成小方片出售，有的已磨成粉，可买回去直接作调料用。

还有半干原豆状的酱豆。这个以大理巍山彝族和白族的卜酱豆为代表。在云南民间，酱豆是豆豉的另一种称谓，通常指散状的豆豉，不像豆粑粑那样成块状。有人说要带酱豆给您，有两种可能，一种是像四川郫县生产的那种豆瓣酱，一种可能就是豆豉。在云南人这里，它们被统称为酱豆。卜酱豆采用山地黑豆，通过淘洗、蒸煮、发酵，加料密封制成。成品纯黑透亮，味道鲜美，咸里回甜，姜丝味很特别，芳香，有点脆，吃过的人都说好。我每次经过巍山古城都会带一瓶——市场上有不少摊点出售，要多少买后装瓶，带回家调味，炒肉也不错。

德宏水豆果，实为水豆豉的民间异称，是傣族人的贡献。水豆豉也有古老的记录，南宋《吴氏中馈录》中有"水豆豉法"：

> 好黄子十斤，好盐四十两，金华甜酒十碗，先日用滚汤二十碗充调盐作卤，留冷淀清听用。将黄子下缸，入酒入盐水，晒四十九日完，方下大小茴香各一两，草果五钱，官桂五钱，木香三钱，陈皮丝一两，花椒一两，干姜丝半斤，杏仁一斤，各料和入缸内，又晒又打二日，将坛装起。隔年吃方好，蘸肉吃更妙。

此水豆豉法有几个特点，一是豆不煮也不蒸，而是加酒与盐晒，这

160

有点说不过去；二是加入的香料众多，茴香、草果、官桂、木香、陈皮丝、花椒、干姜丝、杏仁，八种之多；三是后期又晒又打，像做大酱的打缸；四是蘸肉，也像酱类。

傣族水豆豉以黄豆或黑豆蒸煮发酵后加入姜丝、辣椒等腌渍而成，水豆豉成品鲜红，酸香回甜，的确惹人食欲。水豆豉讲究鲜，不耐久贮，故也有人家将煮熟并充分发酵的半成品晾干封存，分期加料腌渍，常年可食。

还有油豆豉，芒市傣族喜欢的美味之一。他们将豆豉腌制发酵，散状晒干或半干，然后用油炒出来，小小的一粒就收纳了整个时间的味道。

云南豆豉，是一种容易让人上瘾的地方味道，吃过了就不会忘记，离开它就会想念。